今すぐ使える **かんたんEx**

ScanSnap
スキャンスナップ

iX1600/iX1500/iX1400 対応版

GIHYO SELECTION

プロ技 **BEST** セレクション

Professional Skills

PREMIUM

リンクアップ **著**

技術評論社

ScanSnap ラインナップ

ドキュメントスキャナ「ScanSnap」は、多種多様な製品がラインナップされています。自宅や会社では据置モデルを、出先ではモバイルモデルを、といった利用シーンなどに合う機種の購入を検討しましょう。

なお、本書では iX1600、iX1500、iX1400 を対象に解説を行っています。

①読み取り可能面
②同時セット可能枚数
③Wi-Fi接続
④キャリアシート
⑤直販価格（税別）

iX1600

①両面　　②50枚　　③対応
④対応　　⑤48,000円

4.3 インチのタッチパネル搭載。シリーズ最速の毎分 40 枚（80 面）の高速読み取りモデル。4 ユーザーライセンスが付属し、接続デバイスやユーザーの切り替えが可能、チームや家族と共有もかんたんにできる。

iX1500

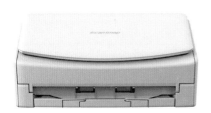

①両面　　②50枚　　③対応
④対応　　⑤48,000円

4.3 インチのタッチパネルを搭載した据置モデルの定番機。毎分 30 枚（60 面）で原稿を読み取る。4 ユーザーライセンスが付属、接続デバイスやユーザーの切り替えが可能、チームや家族と共有もかんたんにできる。

iX1400

①両面　　②50枚　　③非対応
④対応　　⑤38,000円

ワンボタンで操作できる USB 接続専用モデル。パソコンへの保存がメインのユーザーや Wi-Fi が制限されている環境での利用に最適。高速スキャンなど iX1600 と同等のパフォーマンスを実現。

iX100

①片面　②1枚　③対応
④対応　⑤22,000円

薄型バッテリーを搭載し、ケーブルによる給電不要の軽量 400g のモバイルモデル。A4 カラー片面原稿を 5.2 秒で読み取り、連続読み取りで自動 PDF 化もできる。また、見開きページの自動合成など搭載機能も豊富。

S1300i

①両面　②10枚　③非対応
④非対応　⑤26,000円

パソコンなどの USB 給電に対応し、AC 電源ケーブルなしでの駆動にも対応。読み取り時間は毎分 12 枚（24 面）。横幅 28.4cm × 奥行き 9.9cm と A4 ノートパソコンより小さな省スペース型モデル。

S1100

①片面　②1枚　③非対応
④対応　⑤17,000円

A4 原稿を読み取るために必要なサイズに機能をまとめた、軽量＆コンパクトなモバイルモデル。AC 電源ケーブル不要の USB 給電に対応。キャリアシートの利用で A3 用紙のスキャンもできる。

SV600

①片面　②1枚　③非対応
④対応　⑤57,000円

新聞や雑誌などの見開きの大きな原稿や綴じられた本をそのままスキャン、最大 A3 サイズまで読み取り可能。VI テクノロジーで画質のムラを最小限に抑え、読みやすいイメージデータを生成する。

アンバサダーに聞く!
私のおすすめ
ScanSnap活用テクニック

日頃からScanSnapを愛用し、さまざまなメディアで
ScanSnapの情報を発信している「ScanSnapアンバサ
ダー」の3名に、ScanSnapの魅力や活用方法を伺いました。

おうちのあらゆる書類をデジタル化!

整理収納アドバイザー
親・子の片づけマスターインストラクター

青山 順子 さん

→ P.006 〜 009

**仕事の資料もメモもすべて
スキャンして管理!**

文具王

高畑 正幸 さん

→ P.010 〜 013

教科書のデジタル化で効率よく勉強!

研修医

だすまんちゃん さん

→ P.014 〜 017

整理収納アドバイザー
親・子の片づけマスターインストラクター
青山 順子 さん

Webページ：https://bittersweethome.net/
Facebook：https://www.facebook.com/junko.aoyama24

2015年より、書類や写真の片づけにScanSnapを使用した方法を推奨。整理収納の展示会やPFUの商品発表会で、一般ユーザーに向けた使い方セミナーやトークショーに登壇。家庭内の書類整理や写真・子どもの作品だけでなく、個人事業主の書類整理などデジタル化を併用した紙類の整理「おうちプリントダイエット」を推進中。

利用のきっかけはScanSnapの使い方コンテスト

──ScanSnapを利用し始めたきっかけはなんですか？

私が子育て中、世間ではデジタルカメラが普及し始めていました。もちろん私もデジタルカメラを持っていたのですが、うちにはパソコンがなかったので、撮った写真をプリントしてはデータを削除するというのを繰り返していたんです。そうするとどんどんプリントした写真が溜まっていってしまい、なんとかこの写真を整理できないものかと、スキャナーの購入を考えていたんです。

私が整理収納アドバイザーになったタイミングで、年に一回開催されている展示会「整理収納フェスティバル」で「ScanSnap使い方コンテスト」のエントリーを募集していました。そのコンテストではScanSnapをレンタルできると聞いて、「これはチャンスだ！」と思い、コンテストに参加して使い始めたのがきっかけです。も

ちろんお借りしたからにはしっかりレポートを書きました。そしたらなんとそのレポートが金賞をいただいたんです。

それからは毎年、整理収納フェスティバルで出展しているPFUさんの企業ブースで、アドバイザーとして立たせてもらっています。そこで多くの人にScanSnapの使い方について説明をしているうちに、私もどんどん詳しくなって、ScanSnapの便利さをさらに実感できるようになりました。

──ScanSnapはどのようなシーンで使われていますか？

プライベートでは、レシートや領収書のスキャンですね。一時ScanSnapを修理に出していた期間があったんですけど、そのときにいちばん困ったのがレシートの保存です。帰宅したらレシートをスキャンして捨てる癖が付いていたので、しばらくレシートが溜まってしまいました。レシートは「Dr. Wallet」に保存して家計簿を付けています。

それと、うちは娘が離れて暮らしているので、娘宛ての手紙やはがきが届いたとき

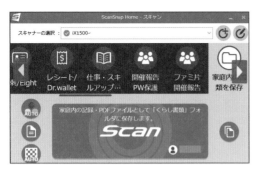

◀ 1台の ScanSnap を家族で利用。それぞれがプロファイルを作成している。

には、ScanSnapから娘のクラウドに送っています。 iX1500は4人まで利用できるので、子どもたちがそれぞれ自分の設定をしたプロファイルを作って、そこにピッと。

　ビジネスでの利用ももちろんあります。講座をやっていると個人情報をお預かりすることになるので、スキャンした書類にパスワードをかけられるプロファイルを使用しています。

プロファイル活用でスキャン効率が上がる

──スキャンした書類の分類はどのようにしていますか？

　プロファイルに関しては、なるべくあとから編集しなくても済むような設定を事前にしておくことで、スキャンの効率がグンと上がります。たとえば、ものによってはスキャンするのは片面だけでよい書類もありますよね。ScanSnapは優秀がゆえに、ちょっとでも裏写りしているとスキャンされてしまうこともあります。白紙のページをあとで削除するのが面倒なので、そういう書類は事前に片面読み取りにしています。

　iX1500以前のScanSnapはタッチパネルではなかったので、かんたんにプロファイルの切り替えができなかったんです。このプロファイルをうまく活用することで、スキャンのしやすさ、管理のしやすさが変わ

りました。私は持ち運び用にiX100も持っているのですが、利用しやすいのは圧倒的にiX1500ですね。小さい子どもでもお年寄りでも視覚的にわかりやすく使えますし。スキャンした書類は、パソコンに入れるデータとクラウドに送るデータで分けています。仕事のスキルアップの資料、年賀状や公共料金の領収書など、おうちで確認できるような書類ものはパソコン。外で確認したい書類はEvernoteに入れています。お客さんに見せる収納用品のカタログなどは、製品サイトを探すよりも自分のフォルダを見返すほうが探しやすくて早く取り出せるんです。

▲外で確認する機会の多い書類は Evernote で管理している。

書類はとにかく溜めないように意識する

——書類の整理で気を付けていることはありますか?

とにかく書類を溜めないこと。スキャンを習慣化すること。私は自宅に帰ったら、まずはお財布の中のレシートや郵便物の中身などを確認して、必要なものはスキャンしてすぐに捨てています。そうやってルーティンを作っておくとよいですね。

意外と溜まってしまいがちなのが、家電製品などの取り扱い説明書です。操作が不安だからといって取っておくと、気付いたらどんどん溜まってしまいますよね。私は家電製品を買ったときには保証書とレシートをすぐにスキャンして、Evernoteに入れています。これは非常に便利で、たとえばその製品が壊れたときに、「何年保証に入っていたか」などをわざわざ紙を探して確認する必要がなくなります。でも修理に出す際にはもちろん保証書の紙そのものが必要なので、ホームファイリングでファイルボックス管理しています。ところが保証書が感熱紙などレシートの場合、印字が薄くなって確認できなくなっちゃっているときもあるんですよね。ですので、保証書のスキャンはぜひ覚えておいてほしい使い方です。また、「トリセツ」というアプリも利用していて、そこにも購入日や品番などを入れておくと、PDFで取り扱い説明書が確認できます。

——ScanSnapをどんな人におすすめしたいですか?

私がScanSnapをおすすめするのは、ITが苦手な人。お客さんに「デジタルは得意ですか?」と聞いて「苦手です」と言われたら、iX1500をおすすめしています。一度設定してしまえばあとはボタンを押すだけなので。私はプロファイル設定のレッスンをしたり、直接お客さんのおうちに伺って、やりたいことを聞いたうえでプロファイルを一緒に作ってあげたりもしています。

あとは、書類を多く抱えるビジネスマンや、学生さんがいるお宅なんかにもおすすめです。最近はテレワークの影響もあってか、私には個人事業主の方からのレッスンの依頼もあります。たとえばリフォーム屋さんだと、「お客さんの過去の書類を処分したいけど、もう一度同じ方から注文がきたときに前回どんな施工をしたかを確認できるようにしたい」など。また、学生さんはノートやレジュメなんかをスマートフォンでパシャパシャ撮って保存していますけど、実際に活用するには絶対にスキャンするほうがよいです。今はPDFを使って勉強ができるアプリもありますし、小さいお子さんが学校や塾でもらってくるプリントやお知らせなんかもスキャンしておくと管理が楽ですよ。

▲「捨てる書類」と「捨てない書類」をしっかり区別して管理している。

最初は身近なもののスキャンから始めてみよう

——ScanSnapを利用するうえでのアドバイスをお願いします。

お片づけの中でも、書類と写真ってどうしても後回しになるものです。だからこそ、まずはたくさんの紙を減らすことを目的にScanSnapを使ってもらって、紙として本当に必要なものだけファイリングするようにしてほしいです。それ以外の使用頻度が下がった書類やもしかしたら使うかもしれないという書類は、すべてデジタル化して処分しましょう。そうすると、書類を保管していたスペースも広くなって紙自体の分類が少なくなりますよね。

私はスキャナーを使っておうちにあるプリント（書類、写真）をデジタル化することによって紙自体の量を減らす、つまりダイエット、「おうちプリントダイエット」を推進しています。スキャナーを買うとまず皆さん大事な書類からスキャンしようとするのですが、レシートや郵便物、レシピなど、まずは身近なものをスキャンしてみてほしいです。スキャンしたものを見返してみて、「あ、こういうときに便利だな」と体感していただければと思います。大事な書類からスキャンしてしまうと、保存場所に悩んでしまい、せっかくScanSnapがあるのに結

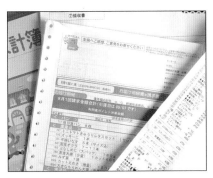

▲まずはレシートなどの身近なものをスキャンしてみることがおすすめ。

局使わない……なんてことに。整理はあとからでもできるので、まずはじゃんじゃんスキャンしてみましょう。

かといってやみくもにスキャンしてしまうと、必要な書類を探すのが大変になっていまうので、同時に自分の中で「デジタル化したいもの」と「デジタル化しなくてよいもの」を区別できるようになるとよいでしょう。スキャンの前に一度その書類について考えることで捨てる決心がつくこともあるので、どんどんおうちやオフィスが片付いてくると思います。

「紙」というものはとても大事に思えてしまうものですが、スキャンをしたほうが綺麗に残せますし、管理もしやすくなります。まずは試してみてください。

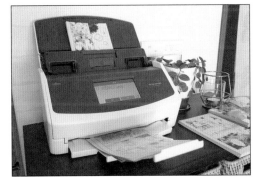

◀紙はスキャンするほうが綺麗に保存できるので、積極的にスキャンを!

文具王

高畑 正幸 さん

Webページ：https://bungu-o.com/
Webマガジン：https://www.buntobi.com/

テレビ東京の人気番組「TVチャンピオン」全国文房具通選手権に出場。1999年、2001年、2005年に行われた文房具通選手権に3連続で優勝し、「文具王」と呼ばれる。現在では文房具の企画デザインからマーケティング、執筆、販売など、さまざまな活動を行なっている。

15年以上前から ScanSnapを愛用

── ScanSnapを利用し始めたきっかけはなんですか？

僕はスキャナー自体は大学生の頃から使っていました。とにかくスキャンの速さを求めていろいろな会社のスキャナーを使っていたのですが、ScanSnapはMacに対応したのをきっかけに使い始めました。

ScanSnapはほかのどんなスキャナーよりも圧倒的に使いやすく、それからはずっとScanSnap一筋ですね。

──ScanSnapのどのような点が気に入っていますか？

外出先ではiX100を、自宅ではiX1500を使用しています。昔の機種では紙質の弱い書類やシールが貼られている書類なんかはスキャンができなかったのですが、iX1500ではそれらもすべて可能になったのが嬉しいです。そして何よりも、プロファイルを設定して保存できるというのが最新機種の

いちばんのメリットでしょう。

以前はスキャンしたあとにScanSnap Managerで選択するか、スキャンする前に設定を決めてからScanSnap Managerでボタンを押さなきゃいけなかったんですね。どちらにしても、パソコンを立ち上げる必要があったんです。最新機種は、基本的にパソコンでの操作が不要です。そのため、本体に書類を入れてボタンを押すだけでパソコンに保存かつ、EvernoteやDropboxの指定のフォルダに入れるというのが自動でいけるわけですよね。すごく楽です。

また、ScanSnapは他社のスキャナーと比べて動作が安定していると思います。PFUは業務用スキャナーで世界シェアの半分以上を持ってるメーカーなので、スキャナー自体のフィジカルな部分が強いですよね。

僕はかなり長いことScanSnapを使っていますが、機種が新しくなるにつれて、紙詰まりや故障などはほとんどなくなってきています。あと、スキャンするガラス面が汚れたら自分で警告を出してくれるのもあ

◀プロファイルは仕事のプロジェクトごとに作成し、すぐに指定の場所に保存できるようにしている。

りがたいですね。汚れや傷に気付かずにスキャンし続けて、書類を捨てたあとにデータに縦筋が入っているのを見ると嫌な思いをしますから……。

仕事のプロジェクトごとにプロファイルを作成

——スキャンする書類の分類はどのようにしていますか？

僕は使用しているプロファイルは結構多くて、今では20個くらいあります。領収書や手紙など、一般的な内容ごとに分けているものもあれば、仕事で分けているものもあります。

たとえば、うちの父はデジタルが苦手なので手紙やはがきをよく送ってくるのですが、それらは「オヤジ通信」というプロファイルを作ってスキャンしています。年賀状なんかは「年賀状2020」というプロファイルを作って、年が明けるタイミングでプロファイル名を「年賀状2021」に変えて、保存先のフォルダやタグを新しくしています。

仕事の場面では、プロジェクトごとにプロファイルを作成しています。以前僕が執筆した文房具の本には、約800本の項目と約500点のイラストが掲載してあります。この本を作る際、イラストレーターから送られてきた膨大な数のイラストに手書きの指示を送るためのプロファイルを作っていました。そのプロファイルのデータの保存先はEvernoteの共有フォルダです。プロジェクトが終わったらそのプロファイルを消してしまえばよいので、そのときに自分が必要なプロファイルはパッと作っています。数回以上使うことがあるものに関してはプロファイルがとても便利です。ちなみに僕は、クラウドサービスに送るプロファイルを使うことが多いです。

——よく利用する外部サービスはなんですか？

DropboxとEvernoteです。Dropboxは3TB契約になっているので、Evernoteに保存できないような大きい容量のデータを保管用として置いています。Dropboxはローカルとクラウドと両方にデータが残るので、バックアップも兼ねています。Evernoteは使い勝手がすごくよいかというと、人によって賛否がありますが、僕はEvernoteの最大の強みは管理のしやすさだと思ってます。

DropboxやOneDriveなんかは、データの一覧をパッと見ただけでは中身がわからないですよね？　ですので、Dropboxにデータを入れるときはちゃんと中身がわかるようなファイル名を付けるのですが、それが面倒なんです。一方のEvernoteでは、わざわざファイル名を付けなくてもサムネイルで探すことができます。ページ数がそ

◀ Evernote はサムネイルを確認するだけで、すぐに必要なデータを見つけることができる。

んなに多くない書類や今作業してるような書類は、だいたいEvernoteに入れていますね。画面にあるサムネイルを見つければすぐにデータが開けますから、これは個人的にはすごく楽です。

それと僕はScrapboxというサービスも頻繁に使います。これはテキストベースのサービスなんですけど、Gyazoというサービスにアップした画像のリンクを張り付けることで、画像をサムネイル表示させることができるんです。僕はこれを使って文房具のリストを作りデータベース化しています。先ほどお話した文房具の本の修正のやり取りなども、このサービスで管理をしていました。使いやすいサービスではあるのですが、画像を付けるのが手間になるので、いつかこの作業がScanSnapから自動できる機能が追加されたら嬉しいです。

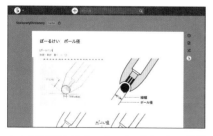

▲ 本の執筆時には Scrapbox というサービスで資料を管理していた。スキャンしたイラストを一度別サービスにアップし、そのリンクを Scrapbox に張り付けることで、画像が表示されるようになる。

ScanSnapは常にスキャンできる状態に!

——スキャンはどのようなタイミングでしていますか?

スキャンのタイミングは決めていません。僕はScanSnapを常に電源入れっぱなし(給紙カバーを開けっ放し)、スタッカーを出しっ放しにして、いつでもスキャンができる環境を作っています。電化製品はこまめに電源を切るべきという人もいるのは理解していますが、ScanSnapの待機電力はそこまで大きくないですし、こんなに高価で高性能な機械は、たくさん使って元を取るという考え方です。購入したからにはとことん使ったほうがよいですよ。

最新機種は書類をセットすれば中のセンサーが反応して立ち上がるので、すぐにスキャンができます。ボタンを押すだけでスキャンができる状況を作っておくことで、普段からこまめに使うようにしています。「週末にまとめてスキャンする習慣をつけよう」と考えている人、本当にそれをずっと続けられますか? 僕は帰宅したらすぐにレシートや名刺、郵便物などをすぐにスキャンしています。無理に毎日スキャンしようとすることはないですが、「思い付いたタイミングでスキャンができるようにしておく」というのはとても大切です。「あとでスキャ

ンしよう」と思うと、その「あとで」はいつ来るかわかりません。

初心者こそ機能性の高い機種を購入すべき

——ScanSnapを利用するうえで気を付けるべきことはありますか？

　ScanSnapを購入する際の話になってしまいますが、よく「高い機械は上級者が使うもの」だと勘違いしている人がいます。「私は初心者だから安いスキャナーでいいんです」という人がいますが、これは大きな間違いです。僕はScanSnapの講演会などで、「初心者は初心者だからこそ高くても使い勝手がよくて性能のよいスキャナーを買ってください」と伝えています。

　安いパソコンを自分でカスタマイズしたり、キャリアのサポートを受けない格安SIMのスマートフォンを使ったりする人は、いわば上級者です。トラブルがあった際に自分で対処できる力を持っているからこそ、安いものを使いこなせているのです。ScanSnapは高性能な機械ではありますが、ユーザーに対してとても優しく作られているので、大きくつまずくことはないはずです。

　ScanSnapの最新機種は、プロファイルを作る以外の手間はほとんどかかりません。どうしても難しく感じる人は、最初の設定だけを知り合いに手伝ってもらったり、サポートセンターに電話したりしてから使い始めてみましょう（もちろんサポートもしっかりしています）。

自分なりの活用方法を生み出してほしい

——読者に向けて、ScanSnapを利用するうえでのアドバイスをお願いします。

　とりあえず使ってみてほしいと思います。スキャンをすれば、とりあえず紙を捨てることができます。目の前から紙が減ると、部屋がどんどん片づきますよね。これはダイエットと同じで、続けていけるようになってくるとどんどんおもしろさがわかってくるし、結果を出すためにもっとやりたくなってきます。まずはスキャンデータが残れば原本を捨てても問題のない書類からどんどんスキャンして慣れましょう（笑）。

　ScanSnapは決して難しい機械ではありません。「ビジネスに役立つ」「勉強に役立つ」なんていうのはもちろんなのですが、それ以上に「書類のイライラからちょっと楽になる方法」「楽に書類と写真を共有する方法」として考えてくれたらよいのかなと思います。たとえば昔の写真をスキャンしてデジタルフォトフレームにしてあげたものをおじいちゃんの家のテレビに映してあげるとか。なんでもよいのです。読者の方にはご自身なりの使い道考えていただいて、上手に遊んでほしいと思っています。

◀ボタンを押すだけですぐにスキャンできる環境を作れば、こまめに書類を片づけることができる。

研修医

だすまんちゃん さん

Twitter : @dasmanchan

医学生の頃から ScanSnap を勉強に利用し、医師国家試験合格を果たす。現在は病院で研修医として働きながら、イラストレーターやライター、ScanSnap アンバサダーとしても活動中。Twitter アカウントではガジェットや本の自炊に関する情報を発信している。

医学生時代に大量の教科書の持ち運びに困っていた

——ScanSnapを利用し始めたきっかけはなんですか?

ScanSnapを使い始めたのは、医学部3年生のときです。医学生は6年間ですべての診療科を勉強するので、とにかく教科書が多いんです。組織学や解剖学など、ひとつのジャンルでもかなりの量の教科書が必要になります。教科書の内容をすべて頭に叩き込むため、できるだけ教科書は常に持ち歩くようにしたかったのですが、量を考えると現実的ではなくて。そこで教科書をデジタル化して持ち歩けるようにしたいと考えました。

ScanSnapは、機械に詳しい友だちから教えてもらいました。そのあと自分でもインターネットでブログや口コミを調べてみたら評判がよかったので、購入を決めました。当時買った機種はiX500、現在はiX1500を使っています。

——教科書はどのようにスキャンしていますか?

いわゆる「自炊」です。はじめは普通のカッターとカッターマットを使って教科書を断裁していました。教科書の真ん中を開いて、背の部分に物差しを当てて、カッターでシャッと。教科書を断裁するのは勇気がいるし大変ではあるんですが、スキャンしてしまえばその後は効率的に使えますので。

今は断裁機を使っています。断裁機を持っていなくても自炊はできますが、教科書の量やページ数が多い場合は断裁機を使うことをおすすめします。

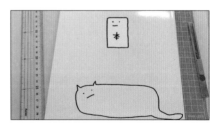

▲学生時代はカッターで教科書を断裁してスキャンしていた。

教科書をデジタル化して効率的に勉強

——スキャンしたデータの活用方法を教えてください。

医学生の頃も研修医として働いている今も、自炊した教科書のデータをiPadで閲覧できるようにして、勉強に活用しています。

医学部は教科書の数は多いですが、実はiPadを使って授業が行われている環境だったんです。そのためiPadに親しみがありましたし、学校でも「どんなノートアプリ使ってる？」という話題が出ることもありました。

私は自炊した教科書を勉強で上手に使うために、たくさんのノートアプリを試していろいろ模索してみましたが、4年前くらいに「GoodNotesが使いやすい！」と話題になって、そこで私もGoodNotesを使うようになりました。GoodNotesを作るためのアプリには「GoodReader」と「PDF Expert」を、道具はiPhoneとiPad2台、そしてApple Pencil使っています。

iPadが2台あれば、1台で教科書の問題ページを表示、もう1台で解答欄に書き込み、という使い方ができます。また、教科書がPDF化されていると、開きたいページをサムネイルで探してすぐ飛ぶことができ

ますし、同じ教科書の違うページを同時に開くこともできます。本をペラペラめくってページを探す必要がなくなる分、勉強の効率がとても上がりますよ。

私はもっと早くから使っておけばよかったと後悔しています。学校にも予備校にも、教科書を抱えて行かずに済むうえに、勉強もしやすくなるのですから。受験生、学生の方にはこのScanSnapを使った勉強方法をおすすめしたいです。

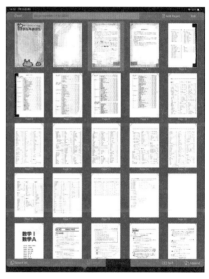

▲ PDF なら、参照したいページをすぐにサムネイルから探すことができる。

◀勉強には基本的にスキャンした教科書のデータを表示する iPhone や iPad しか使わないので、常にデスクがすっきりしている。

◀白衣のポケットにiPadを常に携帯。医療の現場でもScanSnapでスキャンしたデータが活躍する。

医療の現場でもScanSnapを使っていきたい

——今後ScanSnapをどのように利用していきたいですか？

今後は職場にScanSnapを置けるようになったら嬉しいなと思います。一応職場には大きいプリンターがあるのですが、致命的なことにそのプリンターでは文字のOCR化ができないんですよ。文字検索をしたくてもできないというのは、勉強でも仕事でもとても不便です。

私と似たようなデジタル勉強法をScanSnapを使わずにやってる人もいるんですけど、ScanSnapがOCR化できることにびっくりしていましたね。勉強でも仕事でも、どんな活用方法であっても文字検索というのは便利な機能なので、ScanSnapを使う大きなメリットだと思います。そういう意味でも、職場にScanSnapがほしいですね。

——医療の現場ではScanSnapがどう活躍すると思いますか？

たとえば診断では、教科書があるかないかでその病気が思い付くかどうか……という場合があります。もちろん経験にもよるんですけどね。医療の現場で診断ミスは絶対にできないじゃないですか。そういった場合に、いろいろな人が教科書にすぐアクセスしやすくなることによって、お医者さんだけではなく看護師さんなどが「自分の診断や手技が合ってるのか」と思ったとき、より確実な知識を得ることができ、より正確な診断ができるのではないかと思っています。

ちなみに私は常に白衣の中にiPhoneとiPadを入れているので、いつでもすぐに必要な情報を探すことができています。

また、定期的に行われる講演会や学会でもたくさんの書類が配られるので、それらをスキャンして講演会の記録としてデータ化するようになれば、多くの人が確実に自分の中の知識をどんどん蓄積していくことができると思います。少し辛口になってしまいますが、ScanSnapに対して求めることがあるとすれば、もう少し画像のスキャンの解析を上げてほしいですね……。お医者さんは小さい組織像から変化などを見る仕事なので、それらはスキャンしたデータがハッキリ見えるように、もう少し画質が上がるとすごく助かります。もちろん他社のスキャナーと比べると、ScanSnapがダントツで綺麗なんですけどね。

最初の手間はかかるけど、自炊にチャレンジしてほしい

——読者に向けて、ScanSnapを利用するうえでのアドバイスをお願いします。

私はScanSnapはほとんど勉強のためにしか使っていないので、プライベートでレシートをスキャンしたり、プロファイルをたくさん作ったりはできていません。ですが、やっぱり私がいちばん推している使い方が自炊なので、皆さんにもぜひ自炊をしてもらいたいです。自炊はいいですよ！

普段からそんなに本を読まないという人でも、きっと家に本棚はありますよね。その本棚がなくなったら、その空いたスペースにリラックスできるような椅子やオシャレな家具を置きたいと思いませんか？　書類数枚がなくなるよりも本1冊がなくなるほうが、目に見える省スペース化が図れますよ。

また、勉強のノートを作るとき、教科書の文字は書き写せますが、図表は書き写せませんよね。しっかりとノートを作っている人は、その図表をカラーコピーする→はさみで切る→ノートに貼るという手間をかけていると思うのですが、教科書そのものをスキャンしていれば、画像化してデジタルノートに貼り付けるだけなんです。この

▲スキャンしたデータで作るノートはアナログのノートよりも使い勝手がよく、勉強が捗る。

手間がなくなることで、受験生や浪人生は世界が変わりますよ！　ノート作りも勉強も一気に効率がアップしますから。

「まずスキャナーの使い方を覚えなければいけない」「断裁の方法を調べて道具を用意しなければいけない」というのは、人によっては少し遠回りに感じるかもしれません。ですが、もしかしたらその道が逆に未来の近道になっているかもしれないと私は思いますね。まずはチャレンジしてみてほしいです。

◀いちばんおすすめの使い方はやはり自炊。最初の手間を惜しまずにまずはやってみてほしい。

目次

第1章 知っておきたい！ScanSnapの基本操作と書類電子化のコツ

第2章 読み込み設定をカスタマイズ！ScanSnapのプロファイル

第 **3** 章
大事な書類をいつでも見られるように！PDFの編集と整理

第 **4** 章 クラウドサービスを使いこなす！
ScanSnap Cloudによるクラウド活用

第5章　仕事場からテレワークまで！スキャンデータのビジネス活用

第 **6** 章
身近なものをすばやく整理!
スキャンデータのプライベート活用

第**7**章	パソコンなしでも使える! スキャンデータのモバイル活用

注意書き

● 本書に記載された内容は、情報の提供のみを目的としています。したがって、本書を用いた運用は、必ずお客様自身の責任と判断によって行ってください。これらの情報の運用の結果について、技術評論社および著者はいかなる責任も負いません。

● ソフトウェアに関する記述は、特に断りのない限り、2021年1月現在での最新バージョンをもとにしています。ソフトウェアはバージョンアップされる場合があり、本書での説明とは機能内容や画面図などが異なってしまうこともあり得ます。あらかじめご了承ください。

● 本書は以下の環境で動作を確認しています。なお、ScanSnap iX1600およびScanSnap Homeの一部の画面は発売前のものを使用しているため、ご利用時には、一部内容が異なることがあります。あらかじめご了承ください。

ScanSnap：iX1600、iX1500

ScanSnap Home：1.9.1

パソコンのOS：Windows 10

Webブラウザ：Google Chrome

Android端末：Android 10.0

iOS端末：iOS 14.3

● インターネットの情報については、URLや画面などが変更されている可能性があります。ご注意ください。

● 雑誌や書籍、新聞等の著作物は、個人的または家庭内、その他これらに準ずる限られた範囲内で使用することを目的とする場合を除き、権利者に無断でスキャンすることは法律で禁じられています。スキャンして取り込んだデータは、私的使用の範囲で使用してください。

以上の注意事項をご承諾いただいた上で、本書をご利用願います。これらの注意事項をお読みいただかずに、お問い合わせいただいても、技術評論社は対応しかねます。あらかじめご承知おきください。

■本書に掲載した会社名、プログラム名、システム名などは、米国およびその他の国における登録商標または商標です。本文中では™マーク、®マークは明記しておりません。

第 1 章

知っておきたい!
ScanSnapの基本操作と
書類電子化のコツ

ScanSnapは、書類や名刺など、あらゆる紙をすべてデジタル化できるドキュメントスキャナです。本章では、ScanSnapの基本操作と書類電子化のコツを紹介します。

ScanSnapの特徴

ScanSnapは、文書や名刺をスキャンしてデータ化できる「ドキュメントスキャナ」です。
ScanSnapに付属しているソフトやサービスを使えば、データ化した書類の自動振り分け、
編集や管理などを行うことができます。

ScanSnapとは

ScanSnap は、PFU から発売されている「ドキュメントスキャナ」です。ドキュメントスキャ
ナとは、コピー機のように連続して書類の紙送りができる「オートドキュメントフィーダ」
（ADF）が搭載されたものを指します。ScanSnap では、文書、名刺、レシート、領収書といっ
た紙の書類を取り込んで（スキャン）デジタル化し、パソコンなどにデータ（ファイル）として
保存することができます。大量の紙の書類や書籍はある程度の保管場所を必要としますが、そ
れらをデータ化することで、スペースを節約することができるのです。また、管理している
データが多くても、検索をかけることで特定の資料を探しやすくもなります。さらにデータ化し
た書類は、メールへの添付、Office ソフトへの挿入、スマートフォンやタブレットでの閲覧な
ど、活用できる幅も広がります。
ScanSnap にはさまざまな機種があり、2018 年時点でのシリーズ出荷台数は全世界累計 500
万台を突破しています。書類のデジタル化やテレワークを導入している企業が多い昨今、
ScanSnap の利用者はより増えていくでしょう。

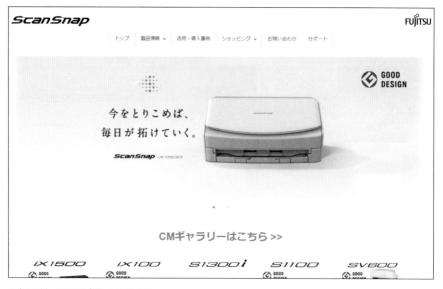

▲ http://scansnap.fujitsu.com/jp/

スキャンしたデータを自動で判別して振り分け

ScanSnap でスキャンした書類は、「ScanSnap Home」というパソコン用ソフトで一元管理ができます。書類は「レシート（領収書）」「名刺」「文書」「写真」の4つの種別に自動的に判別され、振り分けて保存されます。また、読み取った書類の色を判別し、カラー原稿の場合はカラー、写真やイラストがある白黒原稿の場合はグレー、白黒原稿の場合は白黒で出力してくれる「カラー自動判別機能」や、原稿に記載されている文字から自動でファイル名を生成してくれる「自動ファイル名生成機能」などもあります。

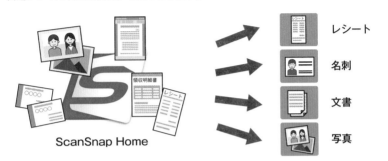

レシート

名刺

文書

写真

ScanSnap Home

▲スキャンした書類をパソコン上で保存する場合は、ScanSnap Home で一元管理できます。ScanSnap Home では、原稿の種別ごとに自動的にデータが振り分けられます。

クラウドサービスにも直接保存可能

ScanSnap の Wi-Fi 対応機種（iX1600、iX1500、iX500、iX100）では、「ScanSnap Cloud」というサービスを利用できます。これまではスキャンのたびに保存したいクラウドサービスを選択し、ローカルにいったん保存したあとデータを転送する必要がありました。しかし「ScanSnap Cloud」では、パソコンやタブレット、スマートフォンを介すことなく、Scan ボタンをタッチするだけでデータを直接クラウドサービスに振り分けて保存することが可能になっています。

会計・個人資産管理

名刺管理

ドキュメント管理

写真管理

ScanSnap　　　　ScanSnap Cloud　　　クラウドサービス

▲ ScanSnap Cloud では、パソコンやタブレット、スマートフォンなどのデバイスを使わずに、さまざまなクラウドサービスにデータを直接保存することができます。

基本 第1章

第2章

第3章

第4章

第5章

第6章

第7章

002

基本

ScanSnapと
書類の電子化

ScanSnapでは、スキャンしたデータの保存形式として、「PDF」と「JPEG」を選ぶこと
ができます。どちらの形式にもそれぞれメリットがあるので、用途に応じて使い分けるとよ
いでしょう。

■ PDFとJPEGのどちらがよい?

ScanSnap でスキャンしたデータは、「PDF」または「JPEG」の保存形式を選ぶことができま
す。PDF とは、Adobe が開発した電子文書ファイル形式です。メールに添付したり、異なる
OS やパソコンで閲覧や印刷をしたりすることができます。テキストや画像を含む複数ページの
文書を 1 ファイルとして保存できるため、取り扱いにも便利です。一方の JPEG は、パソコン
やデジタルカメラなどで標準的に使われている画像ファイル形式です。高解像度の画像でも低
ファイル容量で済み、メールの書面内や Office ソフトに挿入したり、編集したりできるソフト
の種類が豊富なのが特徴です。なお、本書では主に取り扱いやすい PDF 形式で保存する前提
で解説を進めます。

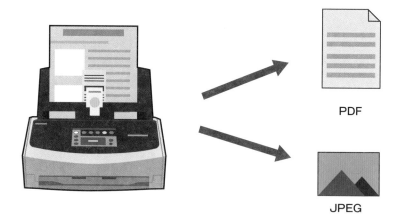

PDF

JPEG

PDF 形式	JPEG 形式
・複数ページを 1 ファイルとして取り扱うことができる ・OCR（光学文字認識）によるテキスト検索ができる ・編集には対応ソフトが必要	・画像ファイルの標準的な形式 ・1 ページ 1 として取り扱われる ・対応ソフトが多く編集が容易 ・複数ページにまとめるには ZIP 形式などに圧縮する

書類電子化のコツ

文書やレシート、書籍などをスキャンしてデータ化することで、オフィスのデスクが整理されたり、財布の中がすっきりしたりします。しかし、こうした書類はやみくもにデータ化すればよいというわけではありません。ただスキャンしただけでは、必要なデータを必要なときに見つけることができない、どの書類をスキャンしたかわからない、などの事態が起こってしまいます。ここでは、書類をデータ化するうえでの4つのポイントを紹介します。

こまめなスキャン

▲油断していると書類はどんどん溜まってしまいます。定期的にスキャンし、もとの書類は処分しましょう。

適度なフォルダー整理

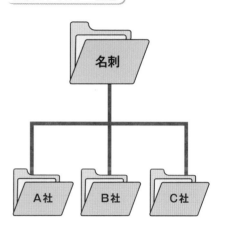

▲スキャンするたびにデータをフォルダーに振り分けるのは面倒です。大まかな保存先を作成しておきましょう。

検索可能なデータで保存

▲ScanSnapでは、検索可能なPDFにすることでOCR（文字認識）によるキーワード検索が利用でき、データを探しやすくなります。

保存先の選択

ScanSnap
Homeで
パソコンに保存

ScanSnap
Cloud経由で
クラウドサービス
に保存

▲ScanSnapの使い方に合わせて、保存先をパソコンかクラウドサービスのどちらかを選択できます。

003

基本

ScanSnapの各部名称と タッチパネル画面

ScanSnapを操作する前に、本体の各部名称と働き、タッチパネル画面の見方を覚えておきましょう。なお、本書では「iX1600」を使用して解説します。タッチパネルの色やアイコンの配置は使いやすいようにカスタマイズすることもできます。

ScanSnap iX1600の各部名称

前面

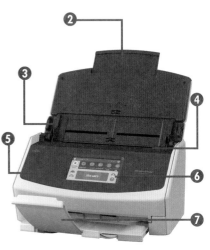

❶ 給紙カバー（原稿台）	ScanSnap を使用するときに開けます。開けると電源が ON になります。
❷ エクステンション	原稿が長い場合、伸ばして使用します。
❸ サイドガイド	原稿の幅に合わせて、ズレを防止します。
❹ カバーオープンレバー	手前に引くと、ADF カバーが開きます。
❺ ADF カバー	原稿詰まりの処理、ローラーセットの交換、ScanSnap の内部を清掃するときに開けます。
❻ タッチパネル	ScanSnap の接続状態を表示したり、プロファイルを選択してスキャンを開始したり、ScanSnap の設定を変更したりします。ScanSnap の電源が自動的に OFF になった場合は、タッチパネルをタッチすることで、再度電源が ON になります（iX1400 には、タッチパネルはなく、Scan ボタンのみがあります）。
❼ スタッカー	引き出して使用します。排出された原稿を乗せる台になります。

基本

第1章

第2章

第3章

第4章

第5章

第6章

第7章

ScanSnap iX1600のタッチパネル画面

❶ヘッダー	ScanSnap を使用しているユーザーと接続状態が表示されます。
❷プロファイルリスト	❶で選択されたユーザーのプロファイルが表示されます。このリストから使用するプロファイルを選択します。プロファイルは、最大 30 個まで表示されます。
❸読み取り設定表示・変更	選択しているプロファイルの読み取り設定が表示されます。アイコンをタッチすると設定画面が表示され、読み取り設定を一時的に変更できます。
❹Scan ボタン	タッチするとスキャンが開始されます。
❺フィード設定	スキャン時の給紙方法が表示されます。
❻設定	タッチすると ScanSnap の設定画面が表示されます。

COLUMN

ScanSnap iX1500のタッチパネル画面

ScanSnap iX1500のタッチパネル画面は下図のような画面がデフォルトとして設定されています。アイコンの配置が一部異なるほか、iX1600では使用しているユーザーごとのプロファイルが表示されるのに対し、iX1500ではすべてのユーザーのプロファイルが表示されます。本書では、iX1600のタッチパネル画面で解説していますが、表示を変更することも可能です（P.219参照）。

004

初期設定

ScanSnapの初期設定を行う

ScanSnapを利用するには、初回起動時にセットアップが必要です。「iX1600」を例に、表示言語、起動モード、利用する端末、接続方法を設定しましょう。ここで選択した各項目の設定は、あとから変更することもできます。

第1章

第2章

第3章

第4章

第5章

第6章

第7章

図
初期設定

ScanSnapの初期設定を行う

❶ ScanSnap背面の電源コネクターに挿入したACアダプターにACケーブルを接続し、コンセントに差します。

❷ 給紙カバー（原稿台）を開けると、ScanSnapの電源がONになります。

❸ タッチパネルの表示に従い、ScanSnapの初期設定を行います。

❹ 任意の表示言語（ここでは＜日本語＞）をタッチし、

❺ ＜次へ＞をタッチします。

表示言語	次へ
✓ 日本語	
English	
Français	
Deutsch	
Italiano	

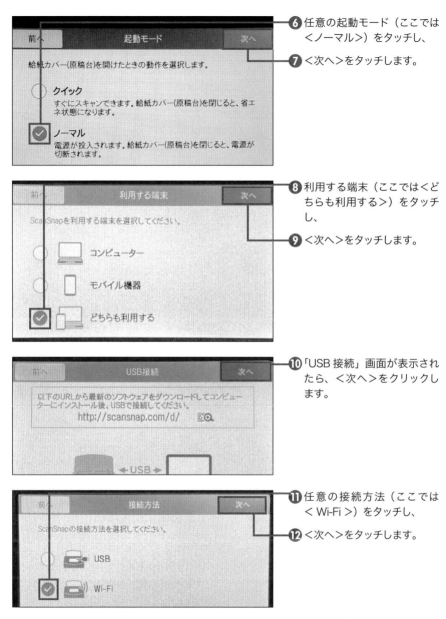

第1章 初期設定
第2章
第3章
第4章
第5章
第6章
第7章

⑥ 任意の起動モード（ここでは
＜ノーマル＞）をタッチし、

⑦ ＜次へ＞をタッチします。

⑧ 利用する端末（ここでは＜ど
ちらも利用する＞）をタッチ
し、

⑨ ＜次へ＞をタッチします。

⑩ 「USB 接続」画面が表示され
たら、＜次へ＞をクリックし
ます。

⑪ 任意の接続方法（ここでは
＜ Wi-Fi ＞）をタッチし、

⑫ ＜次へ＞をタッチします。

⑬ 「アクセスポイント接続」画面
が表示されたら、＜次へ＞を
タッチします。

第1章 初期設定

第2章

第3章

第4章

第5章

第6章

第7章

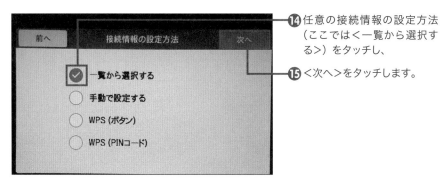

⓮ 任意の接続情報の設定方法（ここでは＜一覧から選択する＞）をタッチし、

⓯ ＜次へ＞をタッチします。

⓰ 接続したいネットワークをタッチし、

⓱ ＜次へ＞をタッチします。

⓲ 接続情報の入力」画面で、「セキュリティキー」の入力欄をタッチします。

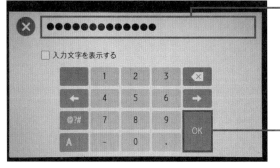

⓳ ネットワークのパスワードを入力し、

⓴ ＜ OK ＞をタッチします。

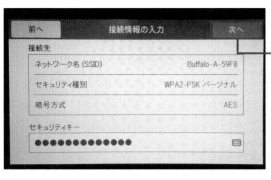

㉑ P.034 手順⑱の画面に戻りま
す。

㉒ 接続情報を確認し、問題がな
ければ＜次へ＞をタッチしま
す。

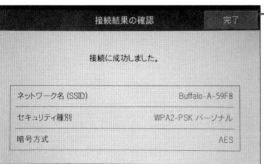

㉓ 接続に成功したら、＜完了＞
をタッチします。

㉔ 本体の設定が完了します。
「ScanSnap Home」のインス
トールを案内する画面が表示
されます。＜ OK ＞をタッチ
します。

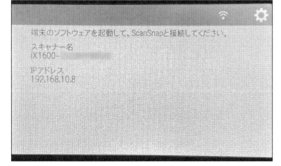

㉕ Sec.005 を参考に、パソコン
に「ScanSnap Home」を イ
ンストールしましょう。

第 1 章 初期設定

第 2 章

第 3 章

第 4 章

第 5 章

第 6 章

第 7 章

005

初期設定

ScanSnap Homeをインストールする

Sec.004を参考に初期設定を行うと、「ScanSnap Home」のインストールが案内されます。
ScanSnap Homeはスキャンしたデータをパソコンで一元管理できる便利なソフトなので、
必ずインストールしておきましょう。

第1章 初期設定

第2章

第3章

第4章

第5章

第6章

第7章

ScanSnap Homeをインストールする

❶ パソコンの Web ブラウザで
「scansnap.com/d/」にアク
セスし、

❷ <ダウンロードインストー
ラー>をクリックします。

❸ 利用規約をスクロールして確
認し、

❹ 「利用規約に同意します」の
チェックボックスをクリックし
て、チェックを付けます。

❺ <次へ>をクリックします。

❻ プログラムがインストールさ
れたら ∧ をクリックし、

❼ <開く>をクリックします。

⑧ 「ユーザーアカウント制御」画面が表示されたら、<はい>をクリックします。

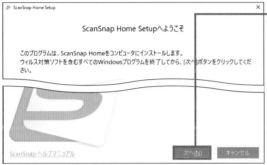

⑨ 「ScanSnap Home Setup へようこそ」画面が表示されたら、<次へ>をクリックします。

使用するセットアップタイプを選択してください。

◉ 標準インストール(T)
インストール先などを指定せずに自動でインストールします。

○ カスタムインストール(C)
プログラムのインストール先やスキャンしたデータを格納するフォルダを指定してインストールします。

〔 次へ(N) 〕 〔 キャンセル 〕

⑩ 任意のセットアップタイプ（ここでは<標準インストール>）をクリックし、

⑪ <次へ>をクリックします。

現在の設定でよい場合は、[インストール] ボタンをクリックしてください。
設定を変更するには [戻る] ボタンをクリックしてください。

現在の設定：

プログラムのインストール先フォルダ：
　C:¥Program Files (x86)¥PFU¥ScanSnap
スキャンしたデータの格納フォルダ：
　C:¥Users¥　　　　　¥AppData¥Roaming¥PFU¥ScanSnap Home¥ScanSnap Home

〔 戻る(B) 〕 〔 インストール(I) 〕 〔 キャンセル 〕

⑫ インストール内容を確認し、

⑬ <インストール>をクリックすると、インストールが開始されます。

初期設定 第1章

第2章

第3章

第4章

第5章

第6章

第7章

ScanSnapの設定を行う

Sec.005を参考にScanSnap Homeをインストールしたら、ScanSnap本体と接続する設定を行いましょう。なお、Sec.004の初期設定でWi-Fiに接続していない場合は、P.039手順❽の画面で<はい>をクリックしてネットワーク情報を入力する必要があります。

第1章 初期設定

第2章

第3章

第4章

第5章

第6章

第7章

ScanSnap Homeの設定を行う

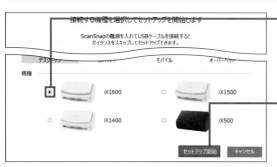

❶ ScanSnap Home のインストールが完了したら、接続する ScanSnap の機種（ここでは< iX1600 >）をクリックし、

❷ <セットアップ開始>をクリックします。

❸ ScanSnap を USB ケーブルでパソコンに接続し、

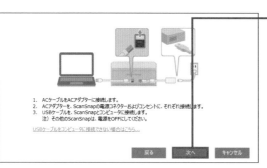

❹ <次へ>をクリックします。

❺ 接続が完了したら ScanSnap の給紙カバー（原稿台）を開けて、電源を ON にします。

❻ ＜次へ＞をクリックします。

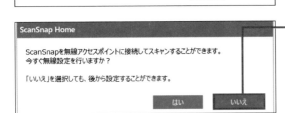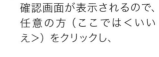

❼ 接続が完了したら、＜次へ＞をクリックします。

❽ 無線アクセスポイント設定の確認画面が表示されるので、任意の方（ここでは＜いいえ＞）をクリックし、

❾ ＜スキップ＞をクリックします。

☑MEMO▶ ビデオチュートリアル

手順❾の画面で、▶をクリックすると、ブラウザが起動し、チュートリアルの動画を視聴することができます。

❿ ＜閉じる＞をクリックします。

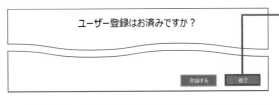

⓫ ユーザー登録の確認画面が表示されるので、任意の方（ここでは＜後で＞）をクリックします。

⓬ 「ScanSnap Home」のメイン画面が表示されます。

007

画面構成

ScanSnap Homeの画面構成

ScanSnap Homeのメイン画面は、ScanSnapでスキャンした書類のイメージデータ、メタ情報、検索情報などのコンテンツを管理する画面です。スキャン画面は、ScanSnap本体のタッチパネルと同じ表示になっており、書類のスキャンやプロファイル管理が行えます。

ScanSnap Homeの画面構成

メイン画面

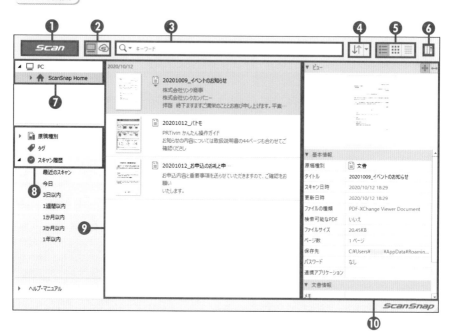

❶ Scan ボタン	スキャン画面（P.041 参照）が表示されます。
❷ 画面切り替え	ローカルフォルダ／ ScanSnap Cloud に保存されているデータのメイン画面表示を切り替えます。
❸ 検索バー	選択したフォルダ内のコンテンツを検索できます。
❹ 並び順	コンテンツリストビューに表示されているデータを昇順／降順に並べ替えます。
❺ コンテンツリストビュー表示切り替え	コンテンツリストビューの表示形式を切り替えられます。

⑥コンテンツビュー表示／非表示	コンテンツビューの表示／非表示を切り替えられます。
⑦フォルダービューリスト	ScanSnap Home で管理するコンテンツ、フォルダーが表示されます。
⑧原稿種別／タグ／スキャン履歴	スキャンした書類のコンテンツが原稿の種別、タグで分類されて表示されます。また、スキャン履歴が表示されます。
⑨コンテンツリストビュー	フォルダーリストビューで選択したフォルダー内のコンテンツが表示されます。
⑩コンテンツビュー	コンテンツリストビューで選択したコンテンツのイメージデータとメタ情報が表示されます。

スキャン画面（上：iX1600、下：iX1500）

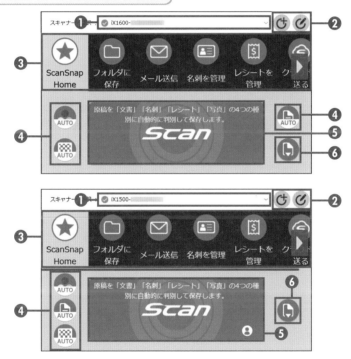

❶スキャナーの選択	使用しているパソコンと接続実績のある ScanSnap がリストに表示されます。
❷プロファイルを追加／編集	新しく設定したプロファイルを追加したり、既存のプロファイルの設定を編集したりできます。
❸プロファイルリスト	使用している ScanSnap のプロファイルが表示されます。このリストから使用するプロファイルを選択します。プロファイルは、最大 30 個まで表示されます。
❹読み取り設定表示・変更	選択しているプロファイルの読み取り設定が表示されます。アイコンをクリックすると設定画面が表示され、読み取り設定を一時的に変更できます。
❺ Scan ボタン	クリックするとスキャンが開始されます。
❻フィード設定	スキャン時の給紙方法が表示されます。

008

基本操作

ScanSnapで
書類をスキャンする

ScanSnap本体、ScanSnap Homeの設定を終えたら、さっそく書類をスキャンしてみましょう。書類をScanSnap本体にセットしてボタンをタッチするだけで、かんたんにスキャンが完了します。

第1章 基本操作

第2章

第3章

第4章

第5章

第6章

第7章

📖 書類をスキャンする

❶ 給紙カバー（原稿台）を開けて電源を ON にします。このとき、スタッカーも引き出しておきます。また、パソコンで ScanSnap Home を 起 動していない場合は起動します。

❷ タッチパネルのホーム画面で任意のプロファイル（ここでは < ScanSnap Home > ）をタッチします。

☑MEMO▶ パソコンから操作する場合

iX1400やパソコンから操作する場合は、ScanSnap Homeのスキャン画面（Sec.007参照）で任意のプロファイルをクリックします。

❸ スキャンする書類に合わせて「カラーモード」「読み取り面」「画質」「フィードの設定」を変更したい場合は、それぞれタップ（もしくはクリック）して変更します。

❹ 書類を給紙カバー（原稿台）にセットします。

☑MEMO▶ **スキャンする際の注意点**

書類を給紙カバー（原稿台）にセットするときは、書類の裏面を手前に、上端を下向きにして置きます。また、書類にホチキスやクリップが付いたままスキャンすると、ScanSnap本体の内部を傷付けるおそれがあるため、必ず外しましょう。なお、布地、金属シート、およびOHPシートなどの紙やプラスチックカード以外のものはスキャンできません。

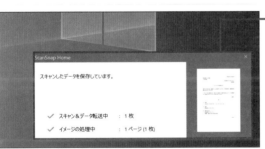

❺ ＜ Scan ＞ボタンをタッチすると、スキャンが開始されます。

☑MEMO▶ **パソコンから操作する場合**

iX1400やパソコンから操作する場合は、ScanSnap Homeのスキャン画面で＜Scan＞をクリックします。iX1400では本体のスキャンボタンを押すことでもスキャンが行えます。

❻ スキャンが行われ、パソコンの画面右下にスキャン状態とスキャンした書類のサムネイルが表示されます。

❼ スキャンが完了すると、書類が排出されます。

☑MEMO▶ **スキャンの終了**

給紙方法を「継続スキャン」または「手差しスキャン」に設定している場合は、継続してスキャンするかの確認画面が表示されます。スキャンを終了する場合は、＜終了＞をタッチします。

第1章 基本操作

第2章

第3章

第4章

第5章

第6章

第7章

009

基本操作

スキャンデータを
パソコンで閲覧する

Sec.008を参考に書類をスキャンしたら、そのデータをパソコンで閲覧しましょう。スキャンした書類はScanSnap Homeに保存され、メイン画面のコンテンツリストビュー、ScanSnap Homeのビューアからデータを確認できます。

第1章
基本操作

第2章

第3章

第4章

第5章

第6章

第7章

スキャンデータを表示する

❶ ScanSnap Home のメイン画面で、コンテンツリストビューに表示されている任意のデータをクリックします。

☑MEMO ▶ クイックメニューが表示された場合

クイックメニューが表示された場合は＜書類を保存＞をクリックします（Sec.025参照）。

❷ コンテンツビューにイメージデータとメタ情報が表示されます。

❸ 表示したいデータを右クリックし、

❹ ＜ ScanSnap Home のビューアで開く＞をクリックします。

❺ ScanSnap Home のビューアが起動し、データが表示されます。

ビューアの画面構成

ホーム画面

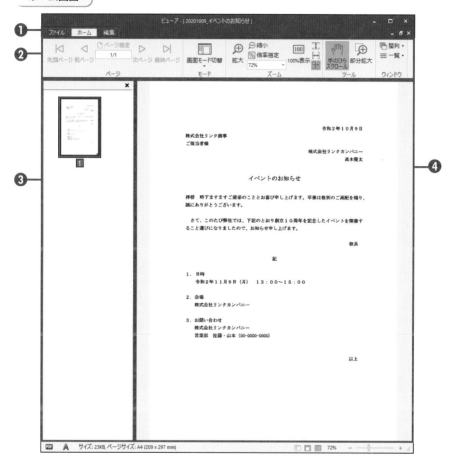

❶ タブ	ファイルを保存する「ファイル」タブ、データを閲覧する「ホーム」タブ、データを編集する「編集」タブを切り替えることができます。
❷ リボン	表示しているタブの機能が表示されます。
❸ ページ一覧	PDF 形式または JPEG 形式のイメージデータのページがサムネイルで表示されます。
❹ ページ表示	ページ一覧で選択しているページが表示されます。

☑MEMO▶ ダブルクリックでも表示が可能

初期状態では、コンテンツリストビューで任意のデータをダブルクリックすることでも、ScanSnap Homeの
ビューアでの表示が可能です。

スキャンデータを検索する

ScanSnap Homeでの検索バーでは、管理しているコンテンツをキーワードのほかに「タイトル」「日付」「タグ」「原稿種別」「名刺」「レシート」といった検索オプションを指定して検索することができます。

スキャンデータを検索する

❶ ScanSnap Home のメイン画面で検索バーをクリックします。

❷ 検索したいキーワードを入力し、

❸ 表示される検索キーワードの候補をクリックして、[Enter] キーを押します。

❹ 検索条件に当てはまるデータがコンテンツリストビューに表示されます。

検索オプションを指定して検索する

❶ ScanSnap Home のメイン画面で検索バー横の Q・ をクリックし、

❷ 任意の検索オプション（ここでは＜文書＞）をクリックします。

☑MEMO▶ **日付で検索**

検索オプションで＜日付＞をクリックした場合は、次の画面で期間を指定します。

❸ 検索バーに選択した検索オプションが入力されます。

❹ 検索したいキーワードを入力し、

❺ 表示される検索キーワードの候補をクリックして、Enter キーを押します。

❻ 検索条件に当てはまるデータがコンテンツリストビューに表示されます。

基本操作 第1章

第2章

第3章

第4章

第5章

第6章

第7章

011

基本操作

スキャンデータの
名前や原稿種別を変更する

スキャンした書類の名前や原稿種別は、ScanSnap Homeに保存される際に自動的に生成・判別されます。実際の書類と名前や判別結果が異なる場合は、それぞれ変更することができます。

スキャンデータの名前を変更する

❶ ScanSnap Home のメイン画面で、コンテンツリストビューから名前を変更したいデータを右クリックし、

❷ <名前の変更>をクリックします。

❸ 変更したい名前を入力し、

❹ Enter キーを押します。

❺ 名前が変更されます。

スキャンデータの原稿種別を変更する

❶ ScanSnap Home のメイン画面で、コンテンツリストビューから原稿種別を変更したいデータを右クリックし、

❷ <原稿種別の変更>→任意の原稿種別（ここでは<写真>）をクリックします。

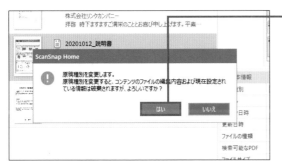

❸ 確認画面が表示されたら、<はい>をクリックします。

❹ 原稿種別が変更されます。

第2章

第3章

第4章

第5章

第6章

第7章

COLUMN

コンテンツビューからも変更ができる

データの名前や原稿種別は、コンテンツビューの「基本情報」から変更することもできます。データの名前を変更する場合は「タイトル」の名前をクリック、原稿種別を変更する場合は「原稿種別」の▼をクリックします。

▼ 基本情報	
原稿種別	📄 文書 ▼
タイトル	20201012_説明書
スキャン日時	2020/10/12 17:38
更新日時	2020/10/13 8:10
ファイルの種類	PDF-XChange Viewer Document
検索可能なPDF	いいえ
ファイルサイズ	697.95KB

012

基本操作

スキャンデータを整理する

スキャンしたデータが増えてきたら、自分で新規のフォルダーを作成してデータを整理しましょう。新規のフォルダーは「ScanSnap Home」フォルダー、または自分で追加したフォルダー配下に作成できます。

第1章 基本操作
第2章
第3章
第4章
第5章
第6章
第7章

フォルダーを作成して整理する

❶ フォルダービューリストの「ScanSnap Home」を右クリックし、

❷ <フォルダの新規作成>をクリックします。

☑MEMO▶ **フォルダーが表示されていない場合**

フォルダービューリストに「ScanSnap Home」が表示されていない場合は、「PC」の▶をクリックします。

❸ フォルダー名を入力し、

❹ Enter キーを押します。

❺ フォルダーが作成されます。

⑥ フォルダービューリストの
< ScanSnap Home > をク
リックし、

⑦ コンテンツリストビューから
移動したいデータを任意の
フォルダーにドラッグ＆ド
ロップします。

⑧ データがフォルダーに移動し
ます。

第2章

第3章

第4章

第5章

第6章

第7章

スキャンデータを削除する

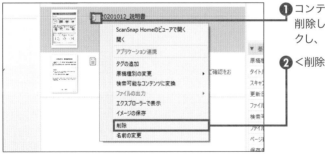

❶ コンテンツリストビューから
削除したいデータを右クリッ
クし、

❷ <削除>をクリックします。

❸ 確認画面が表示されたら、
<はい>をクリックします。

☑MEMO▶フォルダーを削除

フォルダーを削除したい場合は、フォ
ルダーを右クリックし、<削除>→
<はい>をクリックします。

ScanSnap Home以外の
ビューアで表示する

ScanSnap Home では専用のビューアが用意されており、ScanSnap Home 内でスキャンデータを開くことができます。ほかのビューアでスキャンデータを開きたい場合は、いくつかの方法があります。

1 つ目は、コンテンツリストビューで開きたいデータを右クリックし、<開く>をクリックする方法です。この方法は、使用しているパソコンで設定されている「PDF 形式のデータを開く既定アプリ」でデータが表示されます。

2 つ目は、コンテンツリストビューで開きたいデータを右クリックし、<エクスプローラーで表示>をクリックして、選択したアプリでデータを表示する方法です。詳しくは Sec.043 で解説しています。

3 つ目は、コンテンツリストビューで開きたいデータを右クリックし、<イメージの保存>をクリックする方法です。一度パソコンにデータを保存し、任意のアプリでデータを開くことができます。

❶ コンテンツリストビューから任意のデータを右クリックし、

❷ <開く>をクリックします。

❸ 使用しているパソコンでPDF 形式ファイルの既定アプリに設定されているビューアでデータが表示されます。

第 2 章

読み込み設定をカスタマイズ！
ScanSnapのプロファイル

スキャンを行うには、読み取り項目などを設定した「プロファイル」が必要です。既存のプロファイルも用意されていますが、自分好みにカスタマイズすることもできます。

013

プロファイル

ScanSnap Homeと
プロファイル

ScanSnapで書類をスキャンするには、ScanSnap Home内に「プロファイル」というファイルが設定されている必要があります。まずはプロファイルの概要と設定項目について確認しましょう。

第1章

第2章 プロファイル

第3章

第4章

第5章

第6章

第7章

プロファイルとは

ScanSnap で書類をスキャンするには、「プロファイル」が必要です。プロファイルとは、スキャンする原稿の種別、カラーモードなどの読み取り項目、イメージデータの保存先、連携するアプリケーションの設定が行われたファイルのことです。プロファイルはスキャン画面の上部とタッチパネルにアイコンで表示されています。

ScanSnap Home には事前に用意されているプロファイルがあり、「ScanSnap Home」のプロファイルを選択すれば特別な設定をしなくてもすぐに書類をスキャンすることができます。しかし、プロファイルを切り替えることでスキャンしたデータをメールで送ったり、クラウドサービスに保存したりといったことがかんたんに行えます。本書では、このプロファイルを使いわけながら ScanSnap の活用方法を紹介しています。

また、書類をスキャンする目的に合わせて既存のプロファイルの設定を変更したり、新しいプロファイルを作成したりすることも可能です。まずは、プロファイルを作成しながら読み取り設定をカスタマイズしてみましょう。なお、行われた変更は、タッチパネルとスキャン画面の両方に反映されます。

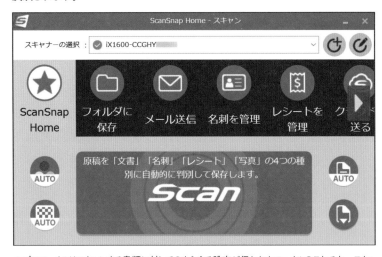

▲プロファイルはスキャンする書類に対してのあらゆる設定が行われたファイルのことです。スキャン画面の上部にプロファイルリストが表示されます。ふだんは「ScanSnap Home」のプロファイルを選択し、目的に応じてほかのプロファイルを使いわけるとよいでしょう。

プロファイルの設定項目

それぞれのプロファイル名をダブルクリックすることで、設定内容を確認できます。ここでは、「ScanSnap Home」のプロファイルの設定画面を例に各項目を解説します。

第1章

第2章 プロファイル

第3章

第4章

第5章

第6章

第7章

❶プロファイルリスト	既存または設定したプロファイルが表示されます。既存のプロファイルは「ScanSnap Home」「フォルダに保存」「メール送信」「名刺を管理」「レシートを管理」「クラウドに送る」の6つです。	
❷プロファイル名	プロファイルの「アイコン」「タイトル」「説明」が表示されます。	
❸原稿種判別	スキャンした書類の種別を、自動的に判別するか固定するかを設定できます。	
❹スキャン設定	「カラーモード」「読み取り面」「画質」「ファイル形式」「タイトル」「詳細設定」の項目を設定できます。なお、原稿種別によって設定の項目の内容は異なります。	
❺管理	「フィード」「タイプ」（イメージデータの保存先）「タグ」「保存先」など、スキャン時の給紙方法や保存に関する項目を設定できます。	
❻アプリケーション	スキャンしたデータを活用する目的に合わせて、「連携アプリケーション」を最大10個設定できます。	

プロファイルを新規作成する

ScanSnap Homeには既存のプロファイルが6つ用意されていますが、自分で自由に設定をカスタマイズしたプロファイルを作成することもできます。ここでは、テンプレートを利用したプロファイルの作成方法を解説します。

第1章

第2章 プロファイル作成

第3章

第4章

第5章

第6章

第7章

プロファイルを新規作成する

❶ ScanSnap Home のメイン画面で、< Scan >をクリックします。

❷ スキャン画面で ⟳ (「プロファイルを追加します。」) をクリックします。

☑MEMO▶ **プロファイルを編集**

既存のプロファイルの編集についてはSec.027で解説しています。

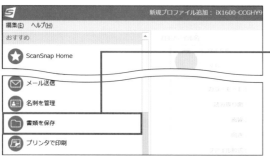

❸ 「新規プロファイル追加」画面が表示されます。

❹ 画面左のリストから任意のテンプレート(ここでは<書類を保存>)をクリックします。

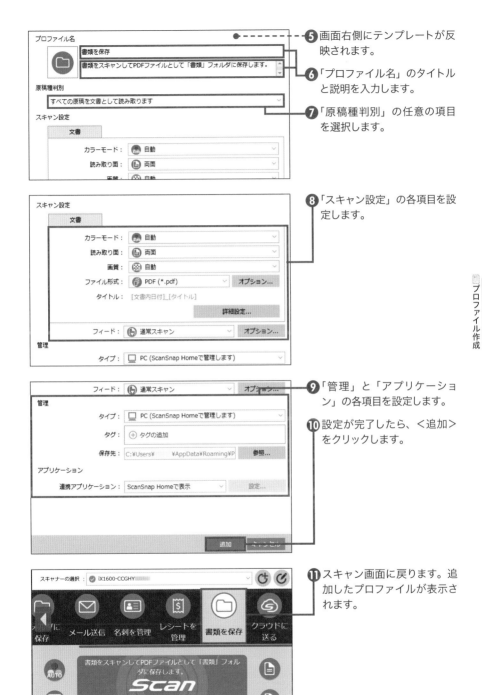

⑤ 画面右側にテンプレートが反映されます。

⑥「プロファイル名」のタイトルと説明を入力します。

⑦「原稿種判別」の任意の項目を選択します。

⑧「スキャン設定」の各項目を設定します。

⑨「管理」と「アプリケーション」の各項目を設定します。

⑩ 設定が完了したら、<追加>をクリックします。

⑪ スキャン画面に戻ります。追加したプロファイルが表示されます。

第1章

第2章 プロファイル作成

第3章

第4章

第5章

第6章

第7章

015

スキャン設定

スキャンデータの
タイトルを自分で設定する

スキャンしたデータのタイトルは、基本的には文書の内容から識別した文字列で自動生成されます。スキャンしたデーター一つ一つに自分でタイトルを付けたい場合は、タイトルの設定を変更しましょう。

スキャンデータのタイトルを自分で設定する

<table>
<tr><td>文書</td></tr>
<tr><td>カラーモード：</td><td>自動</td></tr>
<tr><td>読み取り面：</td><td>両面</td></tr>
<tr><td>画質：</td><td>自動</td></tr>
<tr><td>ファイル形式：</td><td>PDF (*.pdf)</td><td>オプション…</td></tr>
<tr><td>タイトル：</td><td>[文書内日付]_[タイトル]</td></tr>
<tr><td></td><td>詳細設定…</td></tr>
<tr><td>フィード：</td><td>通常スキャン</td><td>オプション…</td></tr>
</table>

❶ プロファイル追加の画面で、「スキャン設定」内にある「タイトル」の<［文書内日付］_［タイトル］>をクリックします。

| タイトル | ファイル形式 | スキャン | ファイルサイズ |

タイトルの形式 ： タイトルを自動的に生成します
日付とタイトルを原稿から抽出します。
常にスキャン日付を使用します
スキャン日付を使用します
自分で名前を指定します
scansnapdata

日付の書式 ： yyyyMMdd

文書の言語 ： 日本語

OK　　キャンセル

❷ 「自分で名前を指定します」にチェックを付け、

❸ 任意のタイトルを入力したら、

❹ < OK >をクリックします。

☑MEMO▶ スキャン日付を使用する

手順❷の画面で、「スキャン日付を使用します」にチェックを付けると、原稿をスキャンした日付がタイトルに設定されます。日付の書式は「日付の書式」から選択できます。

<table>
<tr><td>文書</td></tr>
<tr><td>カラーモード：</td><td>自動</td></tr>
<tr><td>読み取り面：</td><td>両面</td></tr>
<tr><td>画質：</td><td>自動</td></tr>
<tr><td>ファイル形式：</td><td>PDF (*.pdf)</td><td>オプション…</td></tr>
<tr><td>タイトル：</td><td>scansnapdata</td></tr>
<tr><td></td><td>詳細設定…</td></tr>
<tr><td></td><td>追加　キャンセル</td></tr>
</table>

❺ 「タイトル」に入力内容が反映されていることを確認したら、

❻ <追加>をクリックします。

016

スキャン設定

検索可能なPDFにする

スキャンしたデータは基本的にテキスト認識が行われますが、認識されなかった場合や言語を変更して認識し直したい場合は、「検索可能なコンテンツ」に変換しましょう。なお、変換できるのはScanSnapでスキャンしたデータのみです。

検索可能なPDFにする

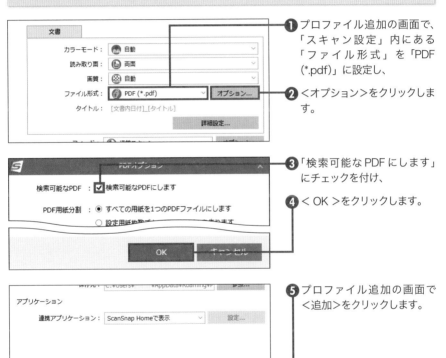

❶ プロファイル追加の画面で、「スキャン設定」内にある「ファイル形式」を「PDF (*.pdf)」に設定し、

❷ <オプション>をクリックします。

❸「検索可能な PDF にします」にチェックを付け、

❹ < OK >をクリックします。

❺ プロファイル追加の画面で<追加>をクリックします。

第1章
第2章 スキャン設定
第3章
第4章
第5章
第6章
第7章

COLUMN

スキャン済みのデータを検索可能にする

スキャン済みのデータを検索可能なPDFにするには、コンテンツビューから検索可能にしたいデータを右クリックし、<検索可能なコンテンツに変換>→<はい>をクリックします。

017

スキャン設定

スキャンデータの
向きを固定する

向きの設定が「自動」になっていると、書類のセットの向きがバラバラでも、自動でデータを回転させて保存してくれます。複雑なレイアウトや写真や図などが多く文字の少ない書類をスキャンする場合は、固定の向きに設定しておきましょう。

スキャンデータの向きを固定する

スキャン設定

| 文書 |

カラーモード： 自動
読み取り面： 両面
画質： 自動
ファイル形式： PDF (*.pdf)　オプション...
タイトル： [文書内日付]_[タイトル]

詳細設定...

フィード： 通常スキャン　オプション...

❶ プロファイル追加の画面で、「スキャン設定」内にある＜詳細設定＞をクリックします。

| タイトル | ファイル形式 | スキャン |

スキャンモード： 通常モード

向き： 自動
　回転しない
　自動
　右90度回転(右/左とじ)
　右90度回転(右/下とじ)
　180度回転(右/左とじ)
　180度回転(上/下とじ)
　左90度回転(右/左とじ)

オプション...

❷ ＜スキャン＞をクリックし、

❸ 「向き」の設定で「自動」以外の項目を選択します。

スキャンモード： 通常モード
カラーモード： 自動
読み取り面： 両面
画質： 自動
向き： 右90度回転(右/左とじ)
☑ 白紙ページを自動的に削除します

OK　キャンセル

❹ ＜ OK ＞をクリックし、

❺ プロファイル追加の画面で＜追加＞をクリックします。

018

スキャン設定

任意の枚数ごとに
PDFを分割して作成する

スキャンした書類をPDFにするときは基本的に1つのファイルで保存されますが、任意の枚数ごとにPDFを分割して作成したい場合は、「ファイル形式」の「オプション」から指定枚数を設定します。指定できる枚数は、1 〜 999の範囲です。

設定枚数ごとにPDFを作成する

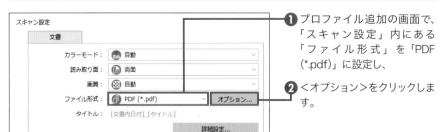

❶ プロファイル追加の画面で、「スキャン設定」内にある「ファイル形式」を「PDF (*.pdf)」に設定し、

❷ <オプション>をクリックします。

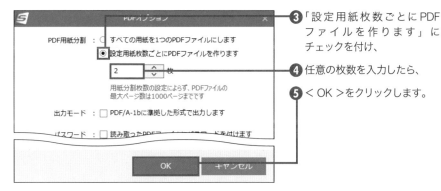

❸ 「設定用紙枚数ごとに PDF ファイルを作ります」にチェックを付け、

❹ 任意の枚数を入力したら、

❺ < OK >をクリックします。

❻ プロファイル追加の画面で<追加>をクリックします。

第1章

第2章 スキャン設定

第3章

第4章

第5章

第6章

第7章

019

スキャン設定

スキャンしたPDFに パスワードを付ける

「ファイル形式」の「オプション」で「読み取ったPDFファイルにパスワードを付けます」にチェックを付けると、開く際にパスワードの入力が必要なPDFを作成できます。重要な書類をスキャンしたい場合に便利です。なお、これはWindows版のみの機能です。

スキャンしたPDFにパスワードを付ける

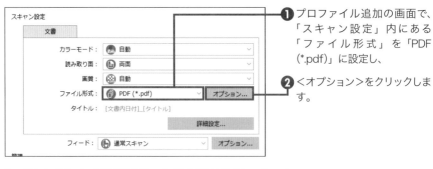

❶ プロファイル追加の画面で、「スキャン設定」内にある「ファイル形式」を「PDF (*.pdf)」に設定し、

❷ <オプション>をクリックします。

❸「読み取った PDF ファイルにパスワードを付けます」にチェックを付け、

❹「固定パスワードを使用します」にチェックを付けます。

❺ 任意のパスワードを 2 回入力したら、

❻ < OK >をクリックして、プロファイル追加の画面で<保存>をクリックします。

020

スキャン設定

スキャンデータを
JPEGで保存する

写真専用のプロファイルを作成する場合は、ファイル形式を「JPEG」にしましょう。なお、複数枚の写真をスキャンした場合は、複数のJPEGデータが1つのデータとして保存されます。

■ スキャンデータをJPEGで保存する

❶ プロファイル追加の画面で、「スキャン設定」内にある「ファイル形式」の＜PDF (*.pdf) ＞をクリックします。

❷ ＜JPEG (*.jpg) ＞をクリックします。

❸ ＜追加＞をクリックします。

第1章

第2章 スキャン設定

第3章

第4章

第5章

第6章

第7章

021

スキャン設定

スキャンにかかる時間を
早くする

書類のスキャンに時間がかかる場合は、あらゆる要因が考えられます。パソコンのCPUや
データ容量、USBケーブルの接続やスキャン設定の画質など、推奨されている条件を1つ
ずつ確認してみましょう。

スキャンにかかる時間を早くする

ScanSnap には、書類をすばやく適切にスキャンをするために推奨されている条件がいくつか
あります。

1 つ目は、動作環境です。推奨されているシステム条件は、CPU が Intel Core i5 2.5GHz 以
上、メモリー容量が 4GB 以上となっています。これらの条件に満たないパソコンを使用してい
る場合、書類のスキャン速度が低下する場合があります。

2 つ目は、ScanSnap の USB ケーブルの接続です。USB ケーブルを USB 1.1 のポートに接続
した場合、書類のスキャン速度が低下する場合があります。USB ケーブルは USB 2.0 以上の
ポートに接続しましょう。

3 つ目は、スキャン設定の画質です。原稿種別を自動的に判別する設定でスキャンする場合、
文書、名刺、レシート、写真のいずれかのスキャン設定で、画質に「エクセレント」を選択して
いると、そのほかの種別の原稿をスキャンしたときも原稿のスキャンに時間がかかってしまいま
す。以下の手順で画質を「自動」に設定し直しましょう。

スキャン設定の画質を変更する

❶ プロファイルの編集の画面で、
「スキャン設定」内のタブを一
つ一つ確認し、「画質」が「エ
クセレント」になっている場
合は＜自動＞をクリックし、

❷ ＜追加＞をクリックします。

スキャンデータにタグを付ける

コンテンツを分類してデータを探しやすくしたり見やすくしたりするために、プロファイル
にタグを設定しておきましょう。一度作成したタグは、次回タグを追加する際、入力欄のリ
スト内に表示されるようになります。

スキャンデータにタグを付ける

❶ プロファイル追加の画面で、
「管理」内にある「タグ」の
<タグの追加>をクリックし
ます。

❷ 任意のタグを入力し、Enter
キーを押します。

❸「タグ」に入力内容が反映さ
れていることを確認したら、

❹ <追加>をクリックします。

第1章

第2章 管理

第3章

第4章

第5章

第6章

第7章

スキャンデータの
保存先を変更する

スキャンしたデータは、あらかじめ用意された「ScanSnap Home」フォルダーに保存されますが、別の保存先に変更することができます。ここでは、パソコンのデスクトップにあるフォルダーを保存先に指定する方法を解説しています。

スキャンデータの保存先を変更する

❶ プロファイル追加の画面で、「管理」内にある「保存先」の<参照>をクリックします。

❷ 任意の保存先を選択し、

❸ <フォルダーの選択>をクリックします。

❹ 「保存先」に選択した保存先が反映されていることを確認したら、

❺ <追加>をクリックします

スキャンデータをScanSnap Homeに登録せずに保存する

ScanSnap HomeでスキャンしたデータはScanSnap Homeに登録して、閲覧・整理できますが、ScanSnap Homeにはデータを登録せず、パソコンだけにデータを保存させることもできます。

スキャンデータをScanSnap Homeに登録せずに保存する

❶ プロファイル追加の画面で、「管理」内にある「タイプ」の< PC（ScanSnap Home で管理します）>をクリックします。

❷ < PC（ファイル保存のみ）>をクリックします。

❸ 「保存先」の<参照>をクリックし、Sec.023 を参考に任意の保存先を選択します。

❹ 必要であれば「スキャン後に名前を付けて保存します」にチェックを付け、

❺ <追加>をクリックします。

第 1 章

管理 第 2 章

第 3 章

第 4 章

第 5 章

第 6 章

第 7 章

スキャンした後に 保存方法を選択する

ScanSnap でスキャンしたデータは、スキャンした後に保存先を選択することもできます。新規プロファイル追加画面から「クイックメニュー」のプロファイルを追加することで、スキャンの実行後に、保存先を選択することが可能になります。

「クイックメニュー」のプロファイルを追加する

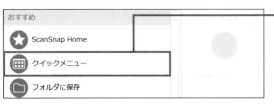

❶ 新規プロファイル追加画面で、<クイックメニュー>をクリックします。

❷ 任意で「スキャン設定」の各項目を設定します。

❸「連携アプリケーション」の項目が「クイックメニュー」になっていることを確認し、

❹ <追加>をクリックします。

⑤ スキャン画面に戻ります。追加したプロファイルが表示されます。

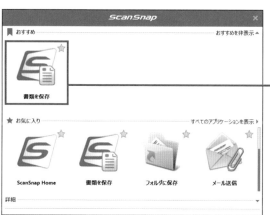

⑥ 追加した「クイックメニュー」プロファイルで書類をスキャンすると、「クイックメニュー」画面が表示されます。

⑦ 任意の保存先（ここでは<書類を保存>）をクリックします。

⑧ ScanSnap Home にスキャンしたデータが保存されます。

第
1
章

保存方法 第
2
章

第
3
章

第
4
章

第
5
章

第
6
章

第
7
章

COLUMN

表示アプリケーションの変更

手順⑥の画面で、⚙をクリックすると、クイックメニューに表示するアプリケーション一覧が表示され、アプリケーションの表示順を設定することができます。アプリケーションを「お気に入り」にするには、チェックボックスをクリックして、チェックを付けます。なお、表示をリセットしたいときは、<リセット>をクリックします。設定が終わったら、<閉じる>をクリックします。

SECTION 026

プロファイル編集

プロファイルをコピーして作成する

一度作成したプロファイルとまったく同じ設定のプロファイルを作成したい場合は、プロファイルをコピーすることができます、なお、同一のプロファイル名は設定することができないので注意しましょう。

プロファイルコピーして作成する

❶ スキャン画面でコピーしたいプロファイルをクリックし、

❷ 〔「プロファイルを編集します。」）をクリックします。

❸ 画面左上の＜編集＞をクリックし、

❹ ＜コピー＞をクリックします。

❺ プロファイルがコピーされます。

❻ 必要であればプロファイルの設定を編集し、

❼ ＜保存＞をクリックします。

プロファイルを
編集／削除する

一度作成したプロファイルは、編集または削除することができます。また、自分で作成した
プロファイルだけでなく、既存のプロファイルの編集と削除も可能です。なお、一度削除し
たプロファイルはもとに戻すことができません。

プロファイルを編集／削除する

❶ スキャン画面で編集したいプロファイルをクリックし、

❷ （「プロファイルを編集します。」）をクリックします。

❸ プロファイルの設定を編集し、

❹ <保存>をクリックします。

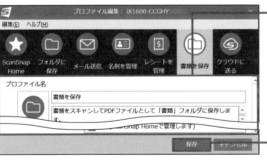

❺ プロファイルを削除する場合は、プロファイル編集の画面左上の<編集>をクリックし、

❻ <削除>をクリックして、次の画面で<はい>をクリックします。

第1章

第2章 プロファイル編集

第3章

第4章

第5章

第6章

第7章

プロファイルを
エクスポートする

ScanSnap Homeのプロファイルは、指定したファイルにエクスポートすることができます。プロファイルをほかのパソコンにバックアップしたり、社内や家族で共有したりしたい場合は、エクスポートしましょう。なお、WindowsとMac間でのやり取りはできません。

プロファイルをエクスポートする

❶ スキャン画面で ⊘（「プロファイルを編集します。」）をクリックします。

☑MEMO▶ iX1400の場合

iX1400では、クラウド関連のプロファイルを読み込むことができません。

❷ 画面左上の＜編集＞をクリックし、

❸ ＜プロファイルのインポートとエクスポート＞をクリックします。

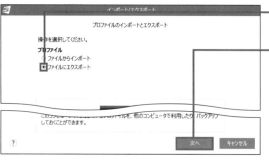

❹ 「ファイルにエクスポート」にチェックを付け、

❺ ＜次へ＞をクリックします。

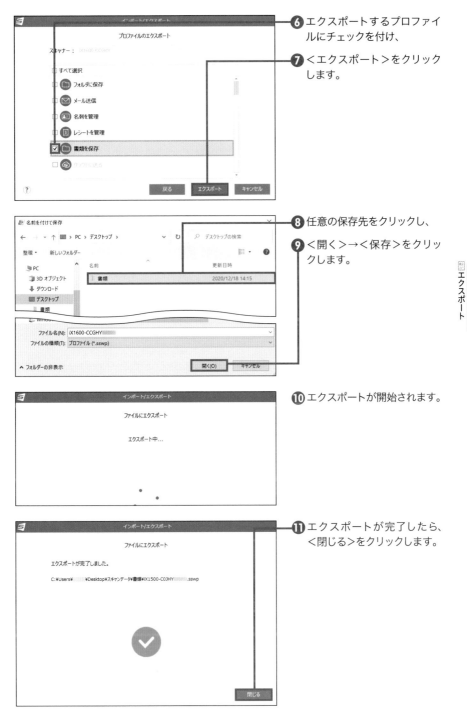

6 エクスポートするプロファイルにチェックを付け、

7 <エクスポート>をクリックします。

8 任意の保存先をクリックし、

9 <開く>→<保存>をクリックします。

10 エクスポートが開始されます。

11 エクスポートが完了したら、<閉じる>をクリックします。

第1章

第2章 エクスポート

第3章

第4章

第5章

第6章

第7章

073

プロファイルをインポートする

ほかのパソコンやScanSnapで使用しているプロファイルは、別のパソコンにインポートすることができます。なお、Sec.028でも述べたように、WindowsとMac間でのやり取りはできません。また、iX1400ではクラウド関連のプロファイルを読み込むことはできません。

プロファイルをインポートする

❶ スキャン画面で （「プロファイルを編集します。」）をクリックします。

❷ 画面左上の＜編集＞をクリックし、

❸ ＜プロファイルのインポートとエクスポート＞をクリックします。

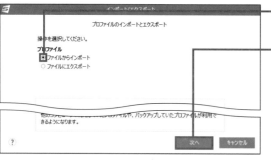

❹ 「ファイルからインポート」にチェックを付け、

❺ ＜次へ＞をクリックします。

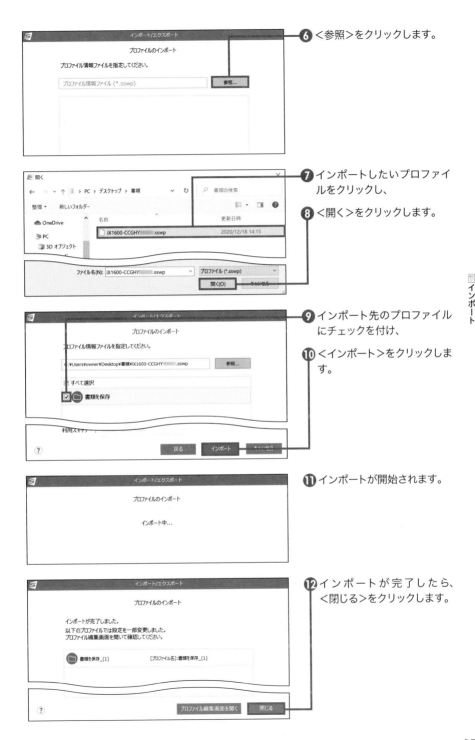

6 <参照>をクリックします。

7 インポートしたいプロファイルをクリックし、

8 <開く>をクリックします。

9 インポート先のプロファイルにチェックを付け、

10 <インポート>をクリックします。

11 インポートが開始されます。

12 インポートが完了したら、<閉じる>をクリックします。

第1章

インポート 第2章

第3章

第4章

第5章

第6章

第7章

ScanSnap Managerを利用する

本書では、ScanSnap でスキャンしたデータの管理に ScanSnap Home を利用していますが、ScanSnap 販売当初は、「ScanSnap Manager」というワンボタン式のソフトウェアが利用されていました。ScanSnap iX1500 からは ScanSnap Home の利用が推奨されていますが、ScanSnap iX1500 に対応した ScanSnap Manager も提供されています。ScanSnap Manager の操作に慣れている人、業務やシステムに取り入れている企業は、「ドライバダウンロード」のページ（http://scansnap.fujitsu.com/jp/dl/）にアクセスし、機種と OS を選択したら、ソフトウェア一覧から「ScanSnap Manager をご利用の方」のインストーラーをダウンロードしましょう。すでに ScanSnap Manager がインストールされている場合は、ScanSnap Manager と iX1500 のファームウェアを最新にすることでも利用を継続できます。ScanSnap Home と組み合わせることで、ScanSnap Home を管理ソフトとして使うこともできます。ただし、ScanSnap Manager は、2021 年 1 月現在は機能改善アップデートが終了していること、ScanSnap Home で ScanSnap Cloud が利用できなくなることに注意しましょう。

また、利用するソフトウェアを ScanSnap Home に切り替えることも可能で、これまで ScanSnap Manager で管理していたコンテンツや設定を移行することができます。

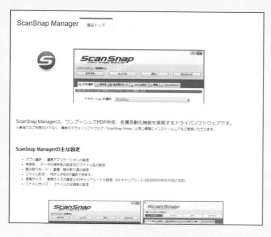

◀ https://scansnap.fujitsu.com/jp/feature/ss-manager.html

第 **3** 章

大事な書類を
いつでも見られるように！
PDFの編集と整理

書類をスキャンしたら、管理しやすいように編集や整理を行いましょう。本章ではScanSnap Home以外と、そのほか2つのPDF編集アプリを利用した操作を解説します。

SECTION

030

ScanSnap Home

ページの向きや傾きを直す

ScanSnapで書類などをスキャンしたとき、間違って上下逆に入れてしまったり、傾いてしまったりすることもあるでしょう。その場合は、ScanSnap Homeのビューアでページを回転させたり、傾きを補正したりしましょう。

ページを回転する

❶ ScanSnap のメイン画面で、コンテンツリストビューから回転したいデータを右クリックし、

❷ ＜ ScanSnap Home のビューアで開く＞をクリックします。

❸「編集」タブをクリックし、

❹ ＜左 90 度回転＞＜ 180 度回転＞＜右 90 度回転＞のいずれかをクリックすると、ページが回転します。

❺「ファイル」タブをクリックし、

❻ ＜上書き保存＞または＜タイトルを付けて保存＞をクリックし、データを保存します。

■■ ページの傾きを補正する

❶ コンテンツリストビューから傾きを補正したいデータを右クリックし、

❷ ＜ ScanSnap Home のビューアで開く＞をクリックします。

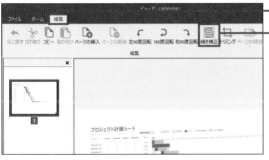

❸ 「編集」タブをクリックし、

❹ ＜傾き補正＞をクリックします。

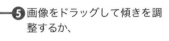

❺ 画像をドラッグして傾きを調整するか、

❻ 「傾き補正」画面で ／ をクリック、または角度を入力して傾きを調整します。

❼ 調整が完了したら、＜ OK ＞をクリックします。

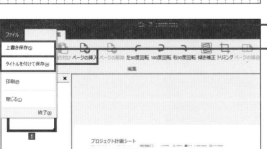

❽ 「ファイル」タブをクリックし、

❾ ＜上書き保存＞または＜タイトルを付けて保存＞をクリックし、データを保存します。

第 1 章

第 2 章

第 3 章 ScanSnap Home

第 4 章

第 5 章

第 6 章

第 7 章

ページの順序を入れ替える

書類のスキャンの順番を間違えてしまい、ページの流れがバラバラになってしまったときは、ScanSnap Homeのビューアでページをドラッグ＆ドロップし、正しい順序に直して保存しましょう。

ページの順序を入れ替える

❶ コンテンツリストビューから
ページの順序を入れ替えたい
データを右クリックし、

❷ ＜ ScanSnap Home の
ビューアで開く＞をクリックし
ます。

❸ 「ホーム」タブの＜画面モード
切替＞をクリックし、

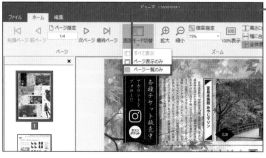

❹ ＜ページ一覧のみ＞をクリッ
クします。

❺ 順序を入れ替えたいページの
サムネイルを、任意の位置に
ドラッグ&ドロップします。

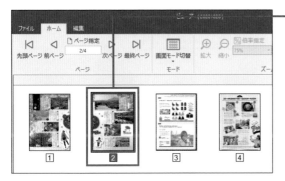

❻ ページの順序が入れ替わりま
す。

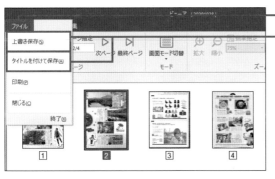

❼ 「ファイル」タブをクリックし、

❽ <上書き保存>または<タイ
トルを付けて保存>をクリッ
クし、データを保存します。

第1章

第2章

第3章 ScanSnap Home

第4章

第5章

第6章

第7章

COLUMN

複数のページの順序を入れ替える

複数のページの順序を入れ替える場合は、Control
キーまたはShiftキーを押しながらページを選択
し、ドラッグ&ドロップします。

032

ScanSnap Home

ほかのデータから
ページを挿入する

ScanSnap Homeのビューアでは、ほかのデータからページを挿入することができます。
スキャンし忘れたページをあとから挿入したり、ほかのデータのページをすべて挿入したり
したいときに便利です。

■ ほかのデータからページを挿入する

❶ コンテンツリストビューから、
ページの挿入元とページの挿
入先のデータをそれぞれ右ク
リックし、< ScanSnap Home
のビューアで開く>をクリック
して開きます。

❷「ホーム」タブの「整列」の▼
をクリックし、

❸ <上下に並べて表示>をク
リックします。

❹ ビューアで開いているデータ
が並んで表示されます。

第1章

第2章

ScanSnap Home

第3章

第4章

第5章

第6章

第7章

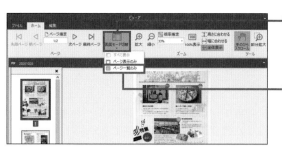

❺ それぞれのウィンドウで「ホーム」タブの<画面モード切替>をクリックして、

❻ <ページ一覧のみ>をクリックします。

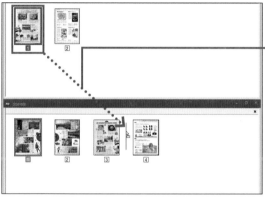

❼ ページの挿入元と挿入先のページが並びます。

❽ 挿入元のウィンドウから挿入するページのサムネイルを、挿入先のウィンドウへドラッグ&ドロップします。

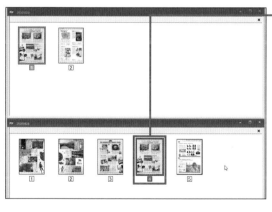

❾ 挿入先のウィンドウにページが挿入されます。

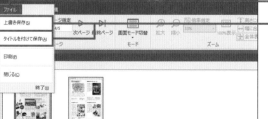

❿ 「ファイル」タブをクリックし、

⓫ <上書き保存>または<タイトルを付けて保存>をクリックし、データを保存します。

第1章

第2章

ScanSnap Home 第3章

第4章

第5章

第6章

第7章

033
ScanSnap Home

ページを結合して
見開きにする

ScanSnap Homeのビューアでは、PDFファイル（またはJPEG）の2つのページを結合して見開きページを作成することができます。ただし、見開きにできるデータには条件があるので注意しましょう。

ページを結合して見開きにする

❶ コンテンツリストビューからページを結合したいデータを右クリックし、

❷ ＜ ScanSnap Home のビューアで開く＞をクリックします。

❸ 「ホーム」タブの＜画面モード切替＞をクリックし、

❹ ＜ページ一覧のみ＞をクリックします。

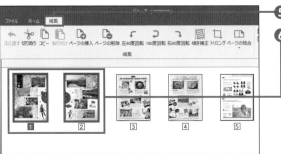

❺ 「編集」タブをクリックし、

❻ 結合したいページのサムネイルを、[Control] キー または [Shift] キーを押しながら選択します。

⑦ <ページの結合>をクリックし、

⑧ <左右に結合>をクリックします。

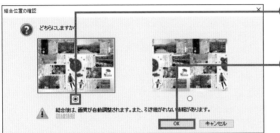

⑨ 「結合位置の確認」画面で正しく結合されているほうを選択し、

⑩ < OK >をクリックします。

⑪ ページが結合されます。

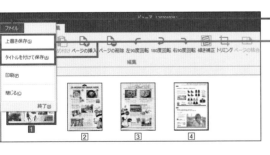

⑫ 「ファイル」タブをクリックし、

⑬ <上書き保存>または<タイトルを付けて保存>をクリックし、データを保存します。

COLUMN

ページを結合するための条件

見開きページを作成するには、結合する2つのページのサイズと向きが同じであること、上下に結合する場合は縦305mm／横440mm、左右に結合する場合は縦440mm／横305mmを超えていないことが条件です。

034

ScanSnap Home

ページをコピー＆ペーストする

ScanSnap Homeのビューアでは、データ内のページをコピーしたり、ペーストしたりできます。コピー＆ペーストは同一ファイル内はもちろん、コピーしたページをほかのファイルにペーストすることも可能です。

ページをコピーする

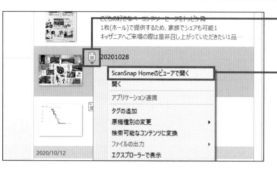

① コンテンツリストビューからページをコピーしたいデータを右クリックし、

② ＜ScanSnap Homeのビューアで開く＞をクリックします。

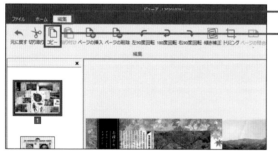

③ 「編集」タブをクリックし、

④ ＜コピー＞をクリックすると、コピーが完了します。

COLUMN

コピー＆ペーストができる画面モード

ここでは「編集」タブでコピー＆ペーストを行っていますが、「すべて表示」と「ページ一覧のみ」の画面モード（P.080参照）でページのサムネイルを右クリックすることでも、コピー＆ペーストの操作を行えます。

第1章
第2章
第3章 ScanSnap Home
第4章
第5章
第6章
第7章

ページをペーストする

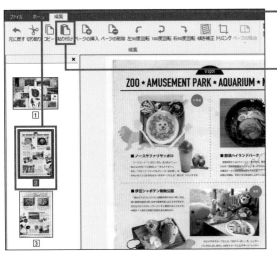

① ページ一覧からペーストしたい位置の前後にあるページのサムネイルをクリックし、

② 「編集」タブの＜貼り付け＞をクリックします。

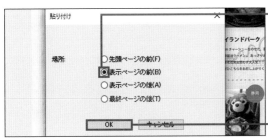

③ 「貼り付け」画面で任意の貼り付け場所（ここでは＜表示ページの前＞）にチェックを付け、

④ ＜ OK ＞をクリックします。

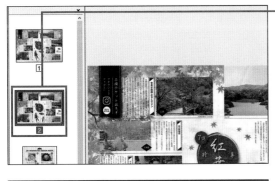

⑤ コピーしたページの貼り付けが完了します。

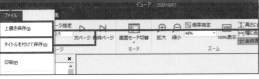

⑥ 「ファイル」タブをクリックし、

⑦ ＜上書き保存＞または＜タイトルを付けて保存＞をクリックし、データを保存します。

035

ScanSnap Home

ページをトリミングする

データのページで必要な部分を切り抜きたい場合、余白や不要なメモ書きなどを削除したい場合は、ScanSnap Homeのビューアでトリミングしましょう。トリミング範囲は手動または数字の入力で指定できます。

ページをトリミングする

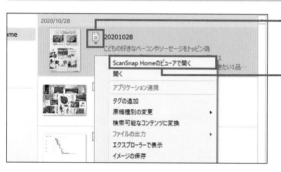

❶ コンテンツリストビューからページをトリミングしたいデータを右クリックし、

❷ ＜ScanSnap Homeのビューアで開く＞をクリックします。

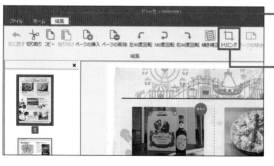

❸ トリミングしたいページを表示して「編集」タブをクリックし、

❹ ＜トリミング＞をクリックします。

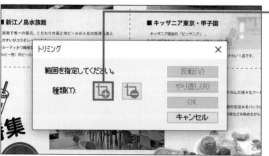

❺ 「トリミング」画面で（範囲選択）をクリックします。

6 ＋をドラッグしてトリミング
範囲を選択します。

☑MEMO▶ **正方形にトリミング**

[Shift]キーを押しながら＋をドラッグ
すると、トリミング範囲が正方形に
なります。

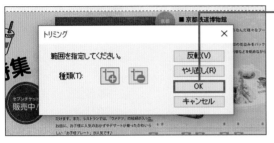

7 トリミング範囲が決まったら、
< OK >をクリックします。

8 トリミングが完了します。

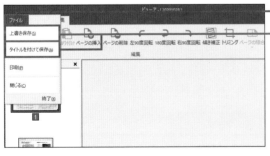

9 「ファイル」タブをクリックし、

10 <上書き保存>または<タイ
トルを付けて保存>をクリッ
クし、データを保存します。

COLUMN

トリミング範囲の調整

トリミングする範囲は、手順**6**の画面で赤枠の四隅をドラッグしたり、枠をドラッグして移動した
りして調整できます。

ページを削除する

不要なページをスキャンしてしまったり、もう利用することのないページがあったりする場合は、該当ページを削除しましょう。PDFファイルそのものを削除する必要がなく、指定したページのみを削除できるので便利です。

ページを削除する

❶ コンテンツリストビューから
ページを削除したいデータを
右クリックし、

❷ ＜ScanSnap Homeの
ビューアで開く＞をクリックし
ます。

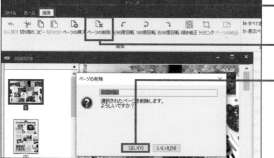

❸ 削除したいページを表示して
「編集」タブをクリックし、

❹ ＜ページの削除＞をクリック
したら、

❺ ＜はい＞をクリックします。

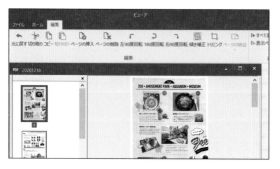

❻ 選択したページが削除されま
す。

❼ 「ファイル」タブをクリックし、
＜上書き保存＞または＜タイ
トルを付けて保存＞をクリッ
クして、データを保存します。

037

ScanSnap Home

ページ内の文字を
検索できるようにする

データを検索可能なPDFにしていない場合でも、ページ内の文字列をテキスト認識して、検索可能なPDFに変換できます。ただし、認識処理を実行すると、既存の文書情報は認識結果で上書きされます。

ページ内の文字を検索できるようにする

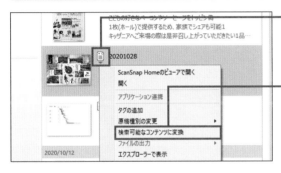

❶ コンテンツリストビューからページ内の文字を検索できるようにしたいデータを右クリックし、

❷ <検索可能なコンテンツに変換>をクリックします。

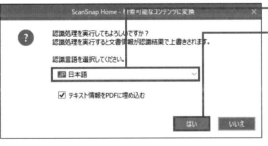

❸ 認識言語を選択し、

❹ <はい>をクリックします。

▼ 基本情報	
原稿種別	📄 文書
タイトル	20201028
スキャン日時	2020/10/28 13:21
更新日時	2020/10/29 13:21
ファイルの種類	PDF-XChange Viewer Document
検索可能なPDF	はい
ファイルサイズ	2.79MB
ページ数	4 ページ
保存先	C:¥Users¥hayan¥AppData¥Roamin...
パスワード	なし

❺ 検索可能なコンテンツへの変換が完了すると、コンテンツビューの「基本情報」内にある「検索可能なPDF」に「はい」と表示されます。

第1章

第2章

図 ScanSnap Home 第3章

第4章

第5章

第6章

第7章

タグを追加する

タグが設定されていないプロファイルで書類をスキャンしたときは、あとからタグを追加することができます。タグの追加は、コンテンツリストビューまたはコンテンツビューから行います。

タグを追加する

❶ コンテンツリストビューからタグを追加したいデータを右クリックし、

❷ ＜タグの追加＞をクリックします。

❸ コンテンツビューの「タグ」内にある「タグの追加」下にタグ名を入力し、[Enter]キーを押します。

❹ タグが追加されます。

☑MEMO ▶ **コンテンツビューからタグを追加**

コンテンツビューの「タグ」内にある＜タグの追加＞をクリックすることでも、タグを追加できます。

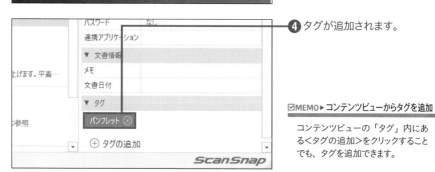

第1章

第2章

第3章 ScanSnap Home

第4章

第5章

第6章

第7章

039

ScanSnap Home

タグで検索する

タグが付いているデータは、検索対象をタグに絞り込んでかんたんに検索することができます。また、タグが付いているデータはメイン画面左のタグの分類からも探しやすくなります。

タグで検索する

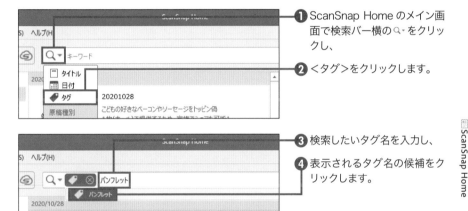

❶ ScanSnap Home のメイン画面で検索バー横のQ・をクリックし、

❷ <タグ>をクリックします。

❸ 検索したいタグ名を入力し、

❹ 表示されるタグ名の候補をクリックします。

❺ 検索条件に当てはまるタグが付いたデータがコンテンツリストビューに表示されます。

第1章

第2章

ScanSnap Home 第3章

第4章

第5章

第6章

第7章

COLUMN

タグの分類からデータを探す

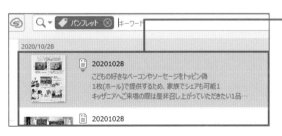

メイン画面左の「タグ」の▶をクリックし、任意のタグ名をクリックすると、そのタグが付いたデータがコンテンツビューに表示されます。

名刺やレシートの文字を項目単位で再認識する

書類の原稿種別が名刺またはレシートの場合、コンテンツビューの「ビュー」内に表示されているデータから任意の文字列の範囲を選択し、テキストを認識し直してメタ情報に反映させることができます。

再認識する対象項目

スキャンしたデータの原稿種別が名刺またはレシートの場合、イメージデータの文字列を項目ごとに範囲選択し、テキスト認識することができます。コンテンツビューの「名刺情報」または「レシート情報」のメタ情報の内容が正しくないときは、該当する範囲を「ビュー」内に表示されている画面から選択し、再認識させましょう。名刺およびレシートの文字列を再認識する対象項目は、以下の表を参照してください。

なお、文字列をテキスト認識できるのは、ScanSnap でスキャンしたデータのみです。また、メタ情報の内容は認識結果によって更新（上書き）されます。

対象項目

名刺	レシート
氏名	
会社名	
部署	店名
役職	レシート日付
郵便番号	通貨
住所	金額
電話番号	税額
FAX 番号	支払方法
携帯電話	カード種別
電子メール	カード番号
URL	
メモ	

▲テキストを再認識できるのは、データの原稿種別が名刺またはレシートの場合のみです。

第1章
第2章
第3章
第4章
第5章
第6章
第7章

ScanSnap Home

094

文字を項目単位で再認識する

❶ コンテンツリストビューから文字を再認識したいデータ（ここではレシート）をクリックし、

❷ コンテンツビューの「ビュー」内にある🔍をクリックします。

❸ 再認識したい部分をドラッグし、

❹ 表示される項目から任意のもの（ここでは＜店名＞）をクリックします。

❺ 文字が再認識され、「レシート情報」内にある「店名」に反映されます。

COLUMN

「ビュー」画面の範囲を広げる

手順❸で「ビュー」画面の範囲が小さくて操作しづらい場合は、「ビュー」と「基本情報」の間にマウスカーソルを置き、↕を下方向にドラッグすると、「ビュー」画面の範囲が広がります。

原稿種別	レシート
タイトル	(レシート日付)_無印良品　アルカキット...
スキャン日時	2020/10/29 14:41

041

ScanSnap Home

メタ情報を変更する

ScanSnap Homeで管理するデータは、基本的にスキャンした際に認識されたメタ情報が登録されています。情報に間違いがあったり、変更があったりした場合には、手動でメタ情報を修正することができます。

ScanSnap Homeで管理するメタ情報

ScanSnap Home で管理するデーター一つ一つには、スキャンの際に自動認識されたメタ情報（メイン画面のコンテンツビューに表示されるそのデータの情報）が登録されます。このメタ情報は、手動で変更することが可能です。認識された情報に間違いがあったり、データの整理のために情報を変更したかったりする場合に修正しましょう。メタ情報として ScanSnap Home で管理される項目については、以下の表を参照してください。表示されるメタ情報タイトルは、選択しているデータの原稿種別によって異なります。メタ情報の項目がグレーで表示されている場合、変更を行うことはできません。

なお、認識結果を修正するためにメタ情報を変更した場合、新しくスキャンしたデータ（過去2週間以内）と同様の認識結果が検出されると、メタ情報が自動的に補正されます。

管理するメタ情報

基本情報	原稿種別、タイトル、スキャン日時、更新日時、ファイルの種類、検索可能な PDF、ファイルサイズ、ページ数、保存先、パスワード、連携アプリケーション
文書情報	メモ、文書日付
名刺情報	氏名、氏名フリガナ、会社名、会社名フリガナ、部署、役職、郵便番号、住所、国／地域、電話番号、FAX 番号、携帯電話、電子メール、URL、メモ、名刺日付
レシート情報	店名、店名フリガナ、レシート区分、控除対象、カテゴリー、レシート日付、通貨、金額、税額、支払方法、カード種別、カード番号、コメント
写真情報	メモ、写真日付
タグ情報	タグの追加

▲表示されるメタ情報タイトルは、データの原稿種別によって異なります。なお、画面にグレーで表示されているメタ情報の項目は変更できません。

▶スキャンしたレシートのメタ情報画面。レシートの場合は、「基本情報」「レシート情報」「タグ情報」が表示されます。

▼ 基本情報	
原稿種別	レシート
タイトル	20201218
スキャン日時	2020/12/18 17:05
更新日時	2020/12/18 17:19
ファイルの種類	PDF-XChange Viewer Document
検索可能なPDF	はい
ファイルサイズ	107.15KB
ページ数	2 ページ
保存先	C:¥Users¥owner¥AppData¥Roa...
パスワード	なし
連携アプリケーシ...	

▼ レシート情報	
店名	無印良品
店名フリガナ	ムジルシリョウヒン
レシート区分	個人
控除対象	不明
カテゴリー	
レシート日付	
通貨	JPY
金額	¥590
税額	¥53
支払方法	
カード種別	
カード番号	
コメント	

▼ タグ	
⊕ タグの追加	

メタ情報を変更する

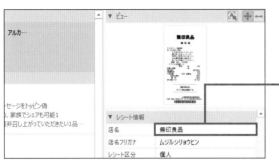

❶ コンテンツリストビューから メタ情報を変更したいデータ （ここではレシート）をクリッ クし、

❷ 任意のメタ情報（ここでは 「レシート情報」内にある「店 名」）をクリックします。

❸ 変更内容を入力し、 Enter キー を押します。

❹ メタ情報が変更されます。

ScanSnap Home

第1章

第2章

第3章

第4章

第5章

第6章

第7章

COLUMN

レシート日付を変更する

「レシート情報」内にある「レシート日付」を変更する 場合は、🗓をクリックし、表示されるカレンダーの日 付をクリックします。日付はあとからでも変更するこ とができます。

ほかのアプリケーションで
PDFを編集するには

PDFファイルを編集できるアプリケーションは、ScanSnap Homeのビューアだけではありません。ここでは、ScanSnapに付属している「Kofax Power PDF Standard」とAdobeの公式アプリケーション「Adobe Acrobat DC」を紹介します。

PDFを編集できるアプリケーション

ScanSnap Home のビューア以外にも、PDF を編集できるアプリケーションは数多くあります。本書では、2 つのアプリケーションを紹介します。

1 つ目は、ScanSnap iX1500 ／ iX1600 に付属している Kofax が提供する「Power PDF Standard」です。 Microsoft Office に似たスタイルが特徴で、Office ソフトを使い慣れている人は直感的に操作を行うことができます。タッチスクリーンにも対応しており、タブレットでペンや指を使って編集作業を行うことが可能です。

2 つ目は、Adobe が提供する「Acrobat DC」です。世界で 500 万以上の企業や組織が利用しているアプリケーションで、編集機能が豊富であることが特徴です。スマートフォンでの利用も可能で、いつでもどこでも PDF を確認・編集することができます。

Power PDF Standard は iX1500 ／ 1600 には付属していますが、iX1400 には付属していません。販売価格は 13,842 円です。Adobe Acrobat DC は月額 1,380 円からの有償となります。どちらも無料体験版が提供されているので、公式ページから体験版をインストールしてみて、使いやすいほうのアプリケーションを利用しましょう。

なお、本書ではのこれらのアプリケーションを開く操作として、ScanSnap Home の「PDF ファイルの関連付けの変更」を行っています（Sec.044 参照）。「新規プロファイル追加」画面（Sec.014 参照）で「Power PDF で開く」または「Acrobat（R）で開く」のプロファイルを作成することでも、すぐに各アプリケーションで PDF ファイルを表示できます。

Kofax Power PDF Standard

▲ https://www.kofax.jp/Products/power-pdf/standard

Adobe Acrobat DC

▲ https://acrobat.adobe.com/jp/ja/acrobat.html?promoid=C12Y324S&mv=other

043

PDF表示・編集

スキャンデータを
エクスプローラーから開く

スキャンしたデータはScanSnap Homeのビューアではなく、エクスプローラーで
「ScanSnap Home」フォルダを表示させ、そこからほかのアプリケーションで開くことも
できます。

■ データをエクスプローラーから開く

① コンテンツリストビューから
エクスプローラーから開きた
いデータを右クリックし、

② ＜エクスプローラーで表示＞
をクリックします。

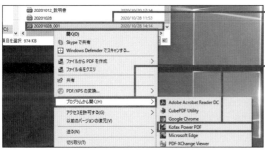

③ エクスプローラーが開いたら、
表示したいデータを右クリッ
クし、

④ ＜プログラムから開く＞→任
意のアプリケーション（ここ
では＜ Kofax Power PDF ＞）
をクリックします。

⑤ 選択したアプリケーションで
データが表示されます。

第1章

第2章

第3章　PDF表示・編集

第4章

第5章

第6章

第7章

044

PDF表示・編集

PDFファイルの
関連付けを変更する

ScanSnap Homeのビューアではさまざまな編集をすることができますが、使いたい編集機能がなかったり、自分の使い慣れたアプリケーションを利用したりしたい場合は、ほかのアプリケーションを関連付けしましょう。

PDFファイルの関連付けを変更する

❶ メイン画面左上の<設定>をクリックし、

❷ <環境設定>をクリックします。

❸ <アプリケーション>をクリックし、

❹ <追加と削除>をクリックします。

❺ <追加>をクリックします。

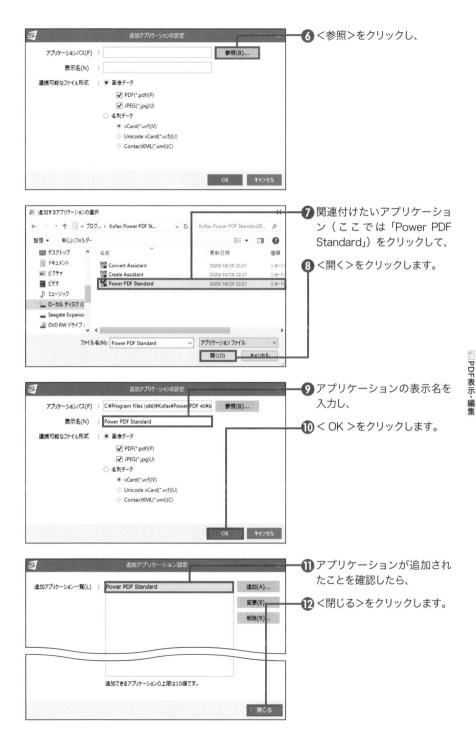

第1章

第2章

第3章 PDF表示・編集

第4章

第5章

第6章

第7章

⑥ <参照>をクリックし、

⑦ 関連付けたいアプリケーション（ここでは「Power PDF Standard」）をクリックして、

⑧ <開く>をクリックします。

⑨ アプリケーションの表示名を入力し、

⑩ < OK >をクリックします。

⑪ アプリケーションが追加されたことを確認したら、

⑫ <閉じる>をクリックします。

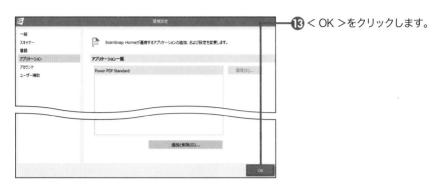

⓭ < OK >をクリックします。

⓮ メイン画面左上の<設定>をクリックし、

⓯ <環境設定>をクリックします。

⓰ 「一般」の「イメージの表示」から「関連づけられたアプリケーション」を選択し、

⓱ < OK >をクリックします。

⓲ コンテンツリストビューで開きたいデータを右クリックし、

⓳ <アプリケーション連携>→関連付けたアプリケーション（ここでは< Power PDF Standard >）をクリックします。

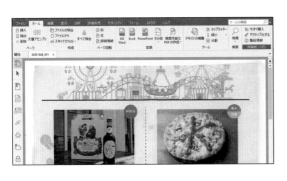

⑳関連付けたアプリケーション
でデータが表示されます。

関連付けたアプリケーションを削除する

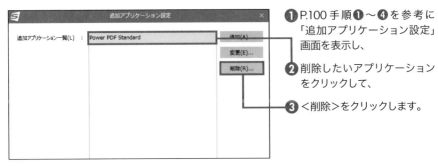

❶ P.100手順❶～❹を参考に
「追加アプリケーション設定」
画面を表示し、

❷ 削除したいアプリケーション
をクリックして、

❸ <削除>をクリックします。

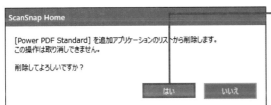

❹ 確認画面が表示されたら、
<はい>→< OK >をクリッ
クします。

❺ <閉じる>をクリックし、

❻ 次の画面で< OK >をクリッ
クします。

第1章

第2章

PDF表示・編集 第3章

第4章

第5章

第6章

第7章

SECTION 045

Kofax Power PDF

Kofax Power PDF StandardでPDFを編集する

Kofax Power PDF Standardでは、PDFファイルの回転や傾き補正、トリミングや抽出などを行えます。ここでは、Kofax Power PDF Standardを利用した基本的な編集の操作を解説します。

ページを回転する

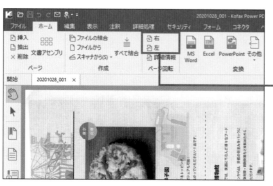

❶ P.102 手順⓲〜⓳を参考にKofax Power PDF Standardでページを回転させたいデータを開き、

❷ 「ホーム」タブの＜右＞または＜左＞をクリックします。

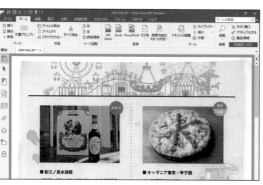

❸ ページが回転します。

❹ 「ファイル」タブをクリックし、＜保存＞または＜名前を付けて保存＞をクリックして、データを保存します。

COLUMN

ページの回転のそのほかの項目

手順❶の画面で＜詳細情報＞をクリックすると、回転角度やページ範囲を設定できます。

ページの順序を入れ替える

❶ Kofax Power PDF Standard でページの順序を入れ替えたいデータを開き、

❷「ホーム」タブの 📄（[ページ] パネル）をクリックします。

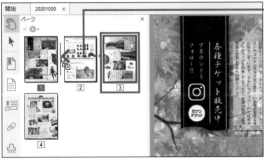

❸ 順序を入れ替えたいページのサムネイルを、任意の位置にドラッグ&ドロップします。

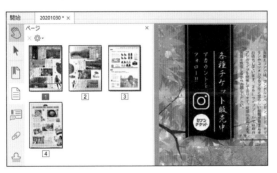

❹ ページの順序が入れ替わります。

❺「ファイル」タブをクリックし、＜保存＞または＜名前を付けて保存＞をクリックして、データを保存します。

第1章

第2章

Kofax Power PDF 第3章

第4章

第5章

第6章

第7章

COLUMN

ページを差し替える

手順❸の画面で ⚙・（[ページ] パネルオプション）をクリックし、差し替え元と差し替え先のページ数を入力して＜OK＞をクリックすると、2つのページの順序を差し替えることができます。

2 つのページを差し替える			✕
差替元: 1	差替先: 2	/	4
		OK	キャンセル

ページ番号を修正する

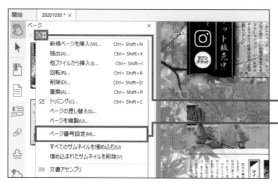

❶ Kofax Power PDF Standard でページ番号を修正したいデータを開き、「ホーム」タブの ≡（[ページ] パネル）をクリックします。

❷ ✿- をクリックし、

❸ ＜ページ番号設定＞をクリックします。

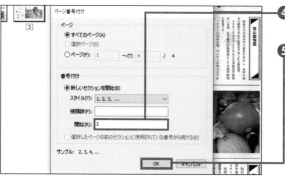

❹ 任意の項目（ここでは「番号付け」の「開始」）を変更し、

❺ ＜ OK ＞をクリックします。

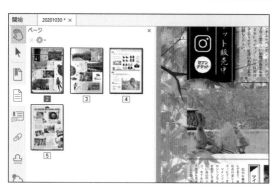

❻ ページ番号が修正されます。

❼ 「ファイル」タブをクリックし、＜保存＞または＜名前を付けて保存＞をクリックして、データを保存します。

COLUMN

ページ番号のスタイルを変更する

手順❹の画面で「番号付け」の「スタイル」の項目をクリックすると、ページ番号を「1、2、3…」のほかに「ⅰ、ⅱ、ⅲ…」「a、b、c…」などのスタイルに変更することができます。

ページをトリミングする

① Kofax Power PDF Standard でページをトリミングしたいデータを開き、「編集」タブをクリックして、

② <トリミング>をクリックします。

③ ＋をドラッグしてトリミング範囲を選択したら、

④ 再度「編集」タブの<トリミング>をクリックします。

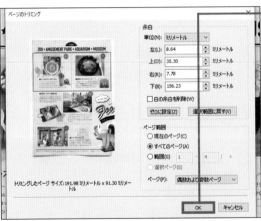

⑤ トリミング範囲を確認し、< OK >をクリックします。

☑MEMO▶ 数字を入力してトリミングする

「余白」内の項目に任意の数字を入力することでも、トリミング範囲を決められます。

☑MEMO▶ ページ範囲を指定する

「ページ範囲」内の項目から、トリミングしたいページを指定することができます。

⑥ トリミングが完了します。

⑦ 「ファイル」タブをクリックし、<保存>または<名前を付けて保存>をクリックして、データを保存します。

第1章

第2章

Kofax Power PDF 第3章

第4章

第5章

第6章

第7章

ページを抽出する

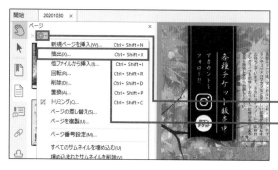

❶ Kofax Power PDF Standard でページを抽出したいデータを開き、「ホーム」タブの 🗐 ([ページ] パネル) をクリックします。

❷ ◎ をクリックし、

❸ <抽出>をクリックします。

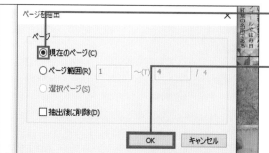

❹ 任意の項目（ここでは「現在のページ」）にチェックを付け、

❺ < OK >をクリックします。

❻ ページの抽出が完了します。

❼ 「ファイル」タブをクリックし、<保存>または<名前を付けて保存>をクリックして、データを保存します。

COLUMN

複数のページを抽出する

複数のページを抽出したい場合は、手順❹の画面で「ページ範囲」にチェックを付け、抽出するページ番号を入力して、< OK >をクリックします。

■■■ ページを削除する

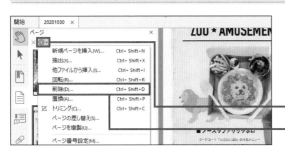

❶ Kofax Power PDF Standard でページを削除したいデータを開き、「ホーム」タブの 🗋 ([ページ] パネル) をクリックします。

❷ ⚙・をクリックし、

❸ <削除>をクリックします。

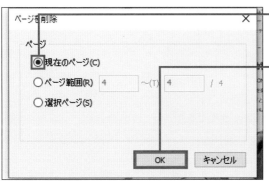

❹ 任意の項目（ここでは「現在のページ」）にチェックを付け、

❺ < OK >をクリックします。

❻ 確認画面が表示されるので、<はい>をクリックします。

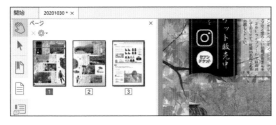

❼ ページの削除が完了します。

❽ 「ファイル」タブをクリックし、<保存>または<名前を付けて 保 存 >を ク リ ッ ク し て、データを保存します。

第1章

第2章

第3章 📄 Kofax Power PDF

第4章

第5章

第6章

第7章

Kofax Power PDF Standardで PDFファイルを結合する

Kofax Power PDF Standardでは、表示しているすべてのPDF、またはパソコンに保存されているPDFを2つ以上選択し、それらを結合して1つのPDFファイルを作成することができます。

表示しているすべてのPDFを結合する

❶ Kofax Power PDF Standardで結合したいデータを開き、

❷「ホーム」タブのくすべて結合>をクリックします。

❸ 結合するデータを確認し、

❹ ▶ （PDFの作成を開始）をクリックします。

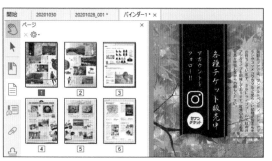

❺ 結合が完了します。

❻「ファイル」タブをクリックし、＜名前を付けて保存＞をクリックして、データを保存します。

第1章

第2章

第3章 Kofax Power PDF

第4章

第5章

第6章

第7章

パソコンに保存しているPDFを結合する

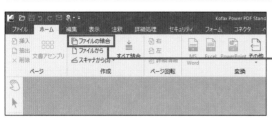

① Kofax Power PDF Standard を開き、

② 「ホーム」タブの<ファイルの結合>をクリックします。

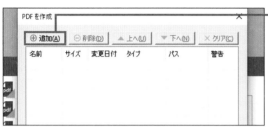

③ <追加>をクリックし、

④ パソコンに保存されている結合したいPDFを2つ以上選択して、<開く>をクリックします。

⑤ 選択したデータを確認し、

⑥ ▶（PDFの作成を開始）をクリックします。

⑦ 結合するデータの保存先を指定して名前を付け、

⑧ <保存>をクリックします。

⑨ 結合が完了します。

⑩ <ファイルを開く>をクリックすると、Kofax Power PDF Standardで結合したデータが開きます。

第1章

第2章

Kofax Power PDF 第3章

第4章

第5章

第6章

第7章

047

Kofax Power PDF

Kofax Power PDF Standardで
PDFファイルを分割する

Kofax Power PDF Standardでは、指定したページ枚数やファイルサイズ、奇数／偶数ページ、テキストを含めてページなど、分割モードを設定してPDFファイルを分割することができます。

1ページごとにPDFファイルを分割する

❶ Kofax Power PDF Standardで結合したいデータを開き、

❷ 「ホーム」タブの＜分割＞をクリックします。

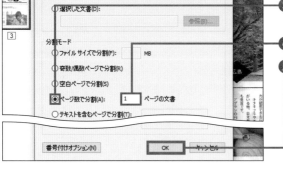

❸ 「分割モード」内の「ページ数で分割」にチェックを付け、

❹ ページ数を入力して、

❺ ＜ OK ＞をクリックします。

❻ 分割したデータの保存先を指定し、

❼ ＜フォルダーの選択＞をクリックします。

8 分割したデータが保存されます。

指定したページのみPDFファイルを分割する

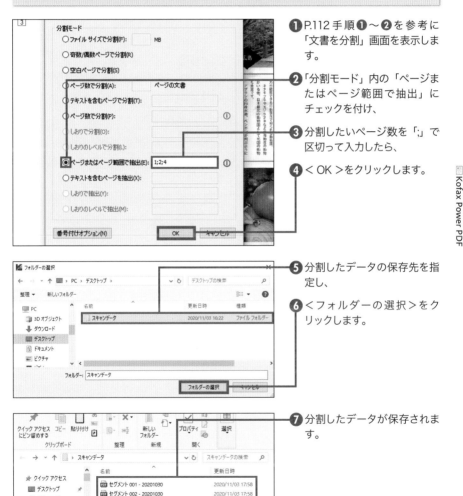

1 P.112手順**1**～**2**を参考に「文書を分割」画面を表示します。

2 「分割モード」内の「ページまたはページ範囲で抽出」にチェックを付け、

3 分割したいページ数を「;」で区切って入力したら、

4 < OK >をクリックします。

5 分割したデータの保存先を指定し、

6 <フォルダーの選択>をクリックします。

7 分割したデータが保存されます。

第1章

第2章

第3章　Kofax Power PDF

第4章

第5章

第6章

第7章

113

048

Kofax Power PDF

Kofax Power PDF Standardで
PDFファイルを圧縮する

Kofax Power PDF Standardでは、PDFファイルを適度な品質に圧縮させることができます。容量が大きいPDFファイルをメールやチャットなどで送信したいときなどに利用するとよいでしょう。

PDFファイルを圧縮する

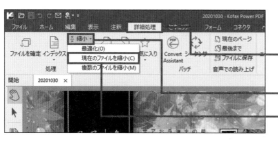

① Kofax Power PDF Standardで結合したいデータを開き、

② 「詳細処理」タブをクリックします。

③ <縮小>をクリックし、

④ <現在のファイルを縮小>をクリックします。

⑤ 圧縮するデータを確認し、

⑥ <OK>をクリックします。

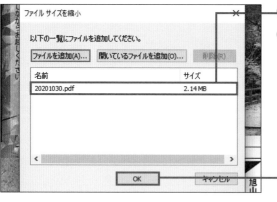

⑦ 「ターゲットフォルダ」内の「特定のフォルダ」にチェックを付け、

⑧ <参照>をクリックします。

⑨ 圧縮したデータの保存先を指定し、

⑩ <フォルダーの選択>をクリックします。

⑪ 「ファイル名」内の「元のファイル名に追加」にチェックを付け、

⑫ 既存のファイル名に追加する文字（ここでは「後に挿入」に「_01」）を入力します。

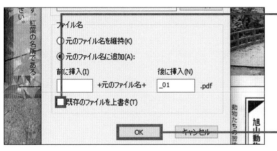

⑬ 「既存のファイルを上書き」のチェックを外し、

⑭ < OK >をクリックします。

⑮ 分割したデータが保存されます。

第1章

第2章

Kofax Power PDF 第3章

第4章

第5章

第6章

第7章

COLUMN

複数のデータを一度に圧縮する

P.114手順④の画面で<複数のファイルを縮小>をクリックすると、複数のデータを選択して一度に圧縮することができます。なお、P.115手順⑫で追加する文字は、すべてのデータのファイル名に反映されます。

049

Kofax Power PDF

Kofax Power PDF Standardで
PDFファイルをJPEGファイルに変換する

PDFファイルとして作成されている文書をJPEG形式で写真として保存・共有したい場合は、
Kofax Power PDF Standardで変換することができます。そのほかに、TIFF形式や
PNG形式で保存することも可能です。

PDFファイルをJPEGファイルに変換する

❶ Kofax Power PDF Standard
で JPEG ファイルに変換した
いデータを開き、

❷ 「ファイル」 タブをクリックし
ます。

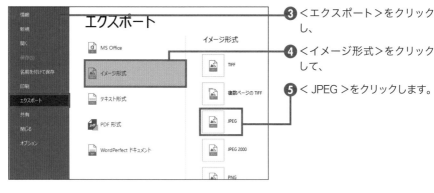

❸ ＜エクスポート＞をクリック
し、

❹ ＜イメージ形式＞をクリック
して、

❺ ＜ JPEG ＞をクリックします。

❻ 保存先を選択し、ファイル名
を入力して、

❼ ＜保存＞をクリックします。

050

Kofax Power PDF

Kofax Power PDF Standardで PDFファイルをグレースケールに変換する

Kofax Power PDF StandardでPDFファイルをグレースケール（白から黒の間のさまざまなグレーの濃淡で表現したデータ）にしたい場合は、「エクスポート」の項目から「PDF形式」→「グレースケールPDF」を選択して保存します。

PDFファイルをグレースケールに変換する

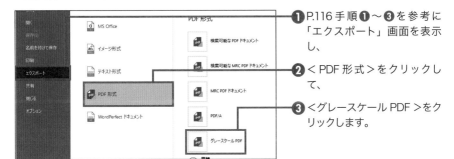

❶ P.116 手順 ❶～❸を参考に「エクスポート」画面を表示し、

❷ ＜ PDF 形式 ＞をクリックして、

❸ ＜グレースケール PDF ＞をクリックします。

❹ 保存先を選択し、ファイル名を入力して、

❺ ＜保存＞をクリックします。

❻ グレースケールに変換されます。

第 1 章

第 2 章

第 3 章 Kofax Power PDF

第 4 章

第 5 章

第 6 章

第 7 章

117

Adobe Acrobat DCで PDFを編集する

Adobe Acrobat DCでは、PDFファイルの回転やページの並び替え、トリミングや抽出などを行えます。ここでは、Adobe Acrobat DCを利用した基本的な編集の操作を解説します。

ページを回転する

❶ Sec.044 を参考に関連付けで Adobe Acrobat DC を追加し、Adobe Acrobat DC でページを回転させたいデータを開きます。

❷ 画面右のメニューから＜ページを整理＞をクリックします。

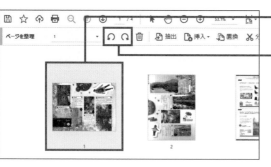

❸ 回転させたいページのサムネイルをクリックし、

❹ ∩（右90°回転）または∩（左90°回転）をクリックします。

❺ ページが回転します。

❻ ＜ファイル＞をクリックし、＜上書き保存＞または＜名前を付けて保存＞をクリックして、データを保存します。

第1章

第2章

第3章

Adobe Acrobat DC

第4章

第5章

第6章

第7章

ページの順序を入れ替える

❶ Adobe Acrobat DC でページの順序を入れ替えたいデータを開き、

❷ 画面右のメニューから＜ページを整理＞をクリックします。

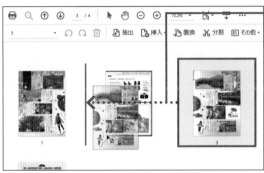

❸ 順序を入れ替えたいページのサムネイルを、任意の位置にドラッグ＆ドロップします。

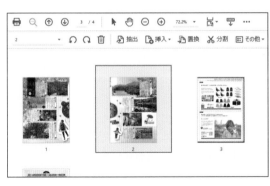

❹ ページの順序が入れ替わります。

❺ ＜ファイル＞をクリックし、＜上書き保存＞または＜名前を付けて保存＞をクリックして、データを保存します。

COLUMN

ページをコピーする

手順❸の画面でコピーしたいページのサムネイルをクリックし、Control キーを押しながらドラッグ＆ドロップすると、もとのページのサムネイル位置を保持したまま新しい位置にページをペーストできます。

ページ番号を修正する

① Adobe Acrobat DC でページ番号を修正したいデータを開き、▶ をクリックして、

② ⊕ をクリックします。

③ ⊟· をクリックし、

④ <ページラベル>をクリックします。

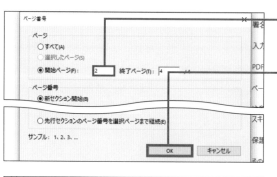

⑤ 任意の項目（ここでは「ページ」の「開始ページ」）を変更し、

⑥ < OK >をクリックします。

⑦ ページ番号が修正されます。

⑧ <ファイル>をクリックし、<上書き保存>または<名前を付けて保存>をクリックして、データを保存します。

第1章

第2章

第3章 Adobe Acrobat DC

第4章

第5章

第6章

第7章

■ ページをトリミングする

① Adobe Acrobat DC でページをトリミングしたいデータを開き、

② 画面右のメニューから＜PDFを編集＞をクリックします。

③ ＜ページをトリミング＞をクリックし、

④ ÷ をドラッグしてトリミング範囲を選択したら、

⑤ トリミング範囲をダブルクリックします。

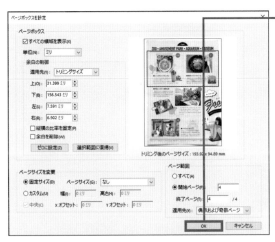

⑥ トリミング範囲を確認し、＜OK＞をクリックします。

☑MEMO▶ **数字を入力してトリミングする**

「余白の制御」に任意の数字を入力することでも、トリミング範囲を決められます。

☑MEMO▶ **ページ範囲を指定する**

「ページ範囲」内の項目から、トリミングしたいページを指定することができます。

⑦ トリミングが完了します。

⑧ ＜ファイル＞をクリックし、＜上書き保存＞または＜名前を付けて保存＞をクリックして、データを保存します。

第1章

第2章

Adobe Acrobat DC　第3章

第4章

第5章

第6章

第7章

■ ページを抽出する

第1章

第2章

第3章 Adobe Acrobat DC

第4章

第5章

第6章

第7章

❶ Adobe Acrobat DC でページを抽出したいデータを開き、

❷ 画面右のメニューから＜ページを整理＞をクリックします。

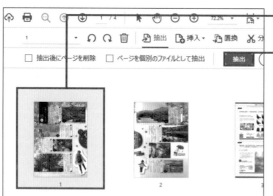

❸ ＜抽出＞をクリックします。

❹ 抽出したいページをクリックし、

❺ ＜抽出＞をクリックします。

☑MEMO▶ 複数のページを抽出する

複数のページを抽出したい場合は、Control キーまたは Shift キーを押しながらページのサムネイルをクリックします。

❻ ページの抽出が完了します。

❼ ＜ファイル＞をクリックし、＜上書き保存＞または＜名前を付けて保存＞をクリックして、データを保存します。

ページを削除する

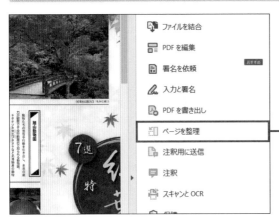

❶ Adobe Acrobat DC でページを削除したいデータを開き、

❷ 画面右のメニューから<ページを整理>をクリックします。

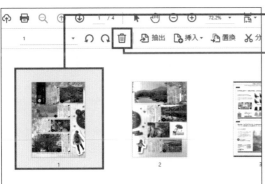

❸ 削除したいページのサムネイルをクリックし、

❹ 🗑 をクリックします。

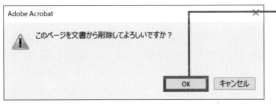

❺ 確認画面が表示されるので、< OK >をクリックします。

❻ ページの削除が完了します。

❼ <ファイル>をクリックし、<上書き保存>または<名前を付けて保存>をクリックして、データを保存します。

第1章

第2章

第3章 Adobe Acrobat DC

第4章

第5章

第6章

第7章

052

Adobe Acrobat DC

Adobe Acrobat DCで
PDFファイルを結合する

Adobe Acrobat DCでは、表示しているすべてのPDF、またはパソコンに保存されている
PDFを2つ以上選択し、それらを結合して1つのPDFファイルを作成することができます。
ここでは、2種類の結合方法を解説します。

表示しているすべてのPDFを結合する

❶ Adobe Acrobat DC で結合
したいデータを開き、

❷ 画面右のメニューから<ファ
イルを結合>をクリックしま
す。

❸ <開いているファイルを追
加>をクリックし、

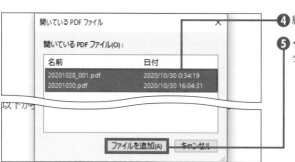

❹ 結合するデータを確認して、

❺ <ファイルを追加>をクリッ
クします。

第1章

第2章

第3章　Adobe Acrobat DC

第4章

第5章

第6章

第7章

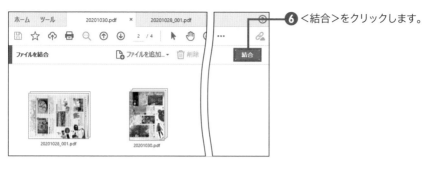

⑥ <結合>をクリックします。

⑦ 結合が完了します。

⑧ <ファイル>をクリックし、<保存>または<名前を付けて保存>をクリックして、データを保存します。

パソコンに保存しているPDFを結合する

❶ P.124手順❸の画面で<ファイルを追加>をクリックし、

❷ パソコンに保存されている結合したいPDFを2つ以上選択して、

❸ <開く>をクリックします。

❹ <結合>をクリックすると、結合が完了します。

❺ <ファイル>をクリックし、<上書き保存>または<名前を付けて保存>をクリックして、データを保存します。

SECTION 053

Adobe Acrobat DC

Adobe Acrobat DCで PDFファイルを分割する

Adobe Acrobat DCでは、指定したページ枚数やファイルサイズ、上位レベルのしおりなど、分割条件を設定してPDFファイルを分割することができます。また、出力の際はオリジナルのラベルを作成、利用できます。

1ページごとにPDFファイルを分割する

❶ Adobe Acrobat DC でページを分割したいデータを開き、

❷ 画面右のメニューから＜ページを整理＞をクリックします。

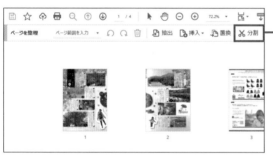

❸ ＜分割＞をクリックします。

❹ 「次で分割」に分割するページ数を入力し、

❺ ＜出力オプション＞をクリックします。

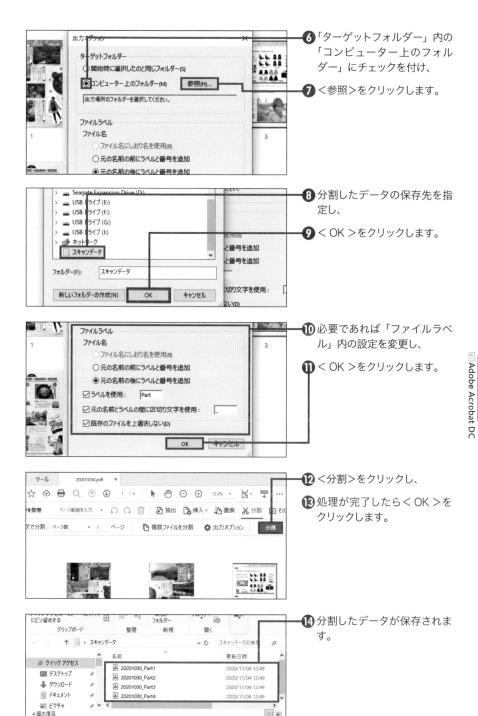

⑥「ターゲットフォルダー」内の「コンピューター上のフォルダー」にチェックを付け、

⑦<参照>をクリックします。

⑧分割したデータの保存先を指定し、

⑨< OK >をクリックします。

⑩必要であれば「ファイルラベル」内の設定を変更し、

⑪< OK >をクリックします。

⑫<分割>をクリックし、

⑬処理が完了したら< OK >をクリックします。

⑭分割したデータが保存されます。

第1章

第2章

Adobe Acrobat DC　第3章

第4章

第5章

第6章

第7章

127

Adobe Acrobat DCで
PDFファイルを圧縮する

Adobe Acrobat DCでは、PDFファイルを適度な品質に圧縮させることができます。容量が大きいPDFファイルをメールやチャットなどで送信したいときなどに利用するとよいでしょう。

PDFファイルを圧縮する

❶ Adobe Acrobat DC で圧縮したいデータを開き、

❷ 「ツール」タブをクリックします。

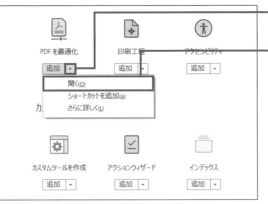

❸ 「PDF を最適化」の ▼ をクリックし、

❹ <開く>をクリックします。

☑MEMO▶ ツールを追加する

<追加>をクリックすると、画面右のメニューにツールを追加できます。

❺ < PDF を圧縮>をクリックし、

❻ <1つのファイルを圧縮>をクリックします。

❼ 圧縮したデータの保存先を指定し、

❽ ファイル名を入力して、

❾ <保存>をクリックします。

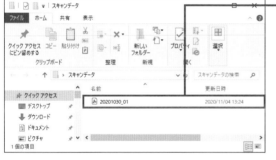

❿ 圧縮したデータが保存されます。

Adobe Acrobat DC

第1章

第2章

第3章

第4章

第5章

第6章

第7章

COLUMN

複数のデータを一度に圧縮する

複数のデータを選択して一度に圧縮したい場合は、圧縮したいデータをすべて開き、P.128手順❻で<複数のファイルを圧縮>をクリックします。「文書を配置」画面で<ファイルを追加>→<開いているファイルを追加>の順にクリックし、<ファイルを追加>→<OK>→<OK>の順にクリックします。「出力オプション」を設定して<OK>をクリックします。

055

Adobe Acrobat DC

Adobe Acrobat DCでPDFファイルを JPEGファイルに変換する

PDFファイルとして作成されている文書をJPEG形式で写真として保存・共有したい場合は、 Adobe Acrobat DCで変換することができます。そのほかに、TIFF形式やPNG形式で保存することも可能です。

PDFファイルをJPEGファイルに変換する

❶ Adobe Acrobat DC で JPEG ファイルに変換したい データを開き、

❷ ＜ PDF を書き出し＞をクリックします。

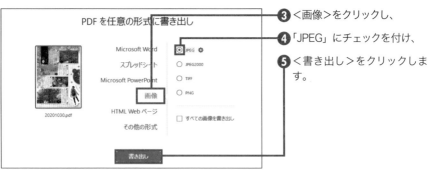

❸ ＜画像＞をクリックし、

❹ 「JPEG」にチェックを付け、

❺ ＜書き出し＞をクリックします。

❻ 保存先のフォルダを指定し、

❼ ファイル名を入力して、

❽ ＜保存＞をクリックします。

056

Adobe Acrobat DC

Adobe Acrobat DCでPDFファイルをグレースケールに変換する

Adobe Acrobat DCでPDFファイルをグレースケール（白から黒の間のさまざまなグレーの濃淡で表現したデータ）にしたい場合は「Dot Gain」（網点の太り）を設定します。ここではDot Gainを15%に設定していますが、数値によって色の濃さが変わります。

PDFファイルをグレースケールに変換する

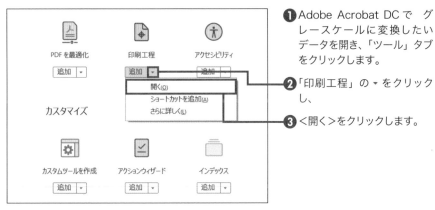

❶ Adobe Acrobat DC で グ レースケールに変換したい データを開き、「ツール」タブ をクリックします。

❷「印刷工程」の ▾ をクリック し、

❸ ＜開く＞をクリックします。

❹ ＜色を置換＞をクリックします。

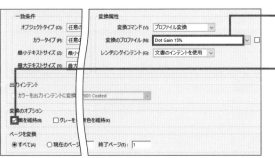

❺「変換属性」内の「変換のプ ロファイル」を＜Dot Gain 15%＞に設定し、

❻「変換のオプション」内の「黒 を維持」にチェックを付けて、

❼ ＜OK＞をクリックすると、 グレースケールに変換されま す。

PDF編集アプリケーションの そのほかの便利な機能

スキャンした紙の書類の文字を編集したいというときもあるでしょう。Kofax Power PDF Standard と Adobe Acrobat DC では、スキャンした PDF ファイルを Microsoft Office のソフトで編集可能なデータで書き出すことができます。ScanSnap Home でも Office ファイルへのデータ変換は可能ですが、「ABBYY FineReader for ScanSnap」という専用のアプリケーションが必要になります。詳しくは、Sec.082 を参照してください。

Kofax Power PDF Standard の場合

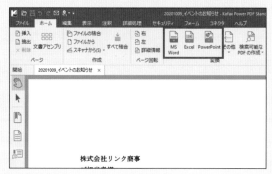

◀ Office ファイルに変換したいデータを開き、「ホーム」タブの< MS Word >< Excel ><PowerPoint >のいずれかをクリックします。

Adobe Acrobat DC の場合

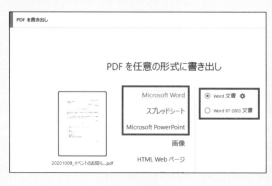

◀ Office ファイルに変換したいデータを開き、画面右のメニューから< PDF を書き出し>をクリックし、< Microsoft Word ><スプレッドシート>< Microsoft PowerPoint >のいずれかをクリックして、右の文書形式をクリックします。

第 4 章

クラウドサービスを使いこなす！ ScanSnap Cloudによる クラウド活用

「ScanSnap Cloud」は、ScanSnapでスキャンするだけで、パソコンを介さずに指定のクラウドサービスにデータを送信できるサービスです。

057

ScanSnap Cloud

ScanSnap Cloudとは

ScanSnap Cloudは、ScanSnapでスキャンするだけで指定したクラウドサービスにデータを送信できるサービスです。無線LAN（Wi-Fi）の環境さえあれば、パソコンやスマートフォンを利用せずにScanSnapだけで送信できます。

ScanSnap Cloudとは

ScanSnap Cloud は、パソコンやスマートフォンを使用することなく、ScanSnap 本体だけでさまざまなサービスと連携できるサービスです。これまでは ScanSnap でスキャンしたデータをパソコンで編集、管理していましたが、ScanSnap Cloud を利用すると、スキャンしたデータがそのまま設定したクラウドサービスへと送信されるようになります。スキャンしたデータは ScanSnap Home と同様に「文書」「名刺」「レシート」「写真」の４つの原稿種別に自動判別され、それぞれ指定したクラウドサービスへと振り分けて保存されます。無線 LAN（Wi-Fi）の環境があれば、オフィスや自宅、外出先など、どのような場所でも利用することができます。なお、iX1400 では ScanSnap　Cloud を利用することはできません。

これまでの作業

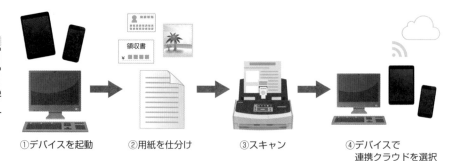

①デバイスを起動　　②用紙を仕分け　　③スキャン　　④デバイスで
　　　　　　　　　　　　　　　　　　　　　　　　　　連携クラウドを選択

ScanSnap Cloud

Dropbox

Evernote

Google Drive

OneDrive

①スキャンだけで OK

ScanSnap Cloudに対応したクラウドサービス

ScanSnap Cloud に対応したクラウドサービスは「会計・個人資産管理」「名刺管理」「ドキュメント管理」「写真管理」の４つの種別ごとに用意されています。すでに利用しているサービスも含まれているかもしれませんが、もし、まだ利用したことのないクラウドサービスがあれば、これを機会に試しに利用してみてください。ここでは、「ドキュメント管理」に適したサービスをかんたんに紹介します。

Dropbox

▲ 使いやすくシンプルなクラウドストレージサービスです（https://www.dropbox.com/）。

Evernote

▲ タグでの管理ができるクラウド文書管理サービスです（https://evernote.com/intl/jp/）。

Google Drive

▲ Google が提供するクラウドストレージサービスです（https://www.google.co.jp/drive/）。

OneDrive

▲ Microsoft が提供するクラウドストレージサービスです（https://www.microsoft.com/ja-jp/microsoft-365/onedrive/online-cloud-storage/）。

Box

▲ 無料で 10GB まで利用できるクラウドストレージサービスです（https://www.box.com/ja-jp/cloud-storage）。

> COLUMN
>
> ## そのほかのサービス
>
> 「会計・個人資産管理」「名刺管理」に適したサービスは第5章、「写真管理」に適したサービスは第6章で紹介します。

第1章
第2章
第3章
第4章 ScanSnap Cloud
第5章
第6章
第7章

058

初期設定

ScanSnap Cloudを利用できるようにする

ScanSnap Cloudを利用するには、ScanSnapアカウントが必要です。アカウントを持っていない場合は作成しましょう。また、アカウント登録とは別にユーザー登録をすると、さまざまな特典を受けることができます。

■ ScanSnapアカウントを作成する

ScanSnap があなたの生活を変えていきます

ScanSnap Homeを利用するにはライセンス認証が必要です。ScanSnapアカウントでライセンス認証すると、以下ができます。

- 最大5台のコンピューター、モバイル機器からスキャナを使用
- スキャンデータを直接 Cloudサービスに保存
  (iX1500/iX500/iX100をご使用の場合)

詳細は、「ScanSnapアカウントを使うと便利になること」を参照してください。

[ScanSnapアカウント登録]

ScanSnap Cloudアカウントをお持ちの方

❶ Webブラウザで「https://www.pfu.fujitsu.com/imaging/ssacc/ja/login_01.html」にアクセスし、

❷ < ScanSnap アカウント登録>をクリックします。

❸ 「お住まいの国／地域」を選択し、

❹ 「ScanSnap アカウント登録規約」をスクロールして確認したら、

❺ <同意>をクリックします。

❻ 「個人情報の取り扱いについて」をスクロールして確認したら、

❼ <同意>をクリックします。

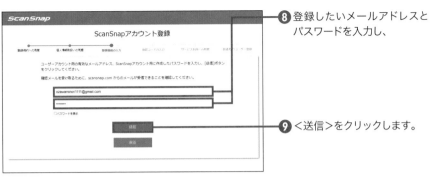

⑧ 登録したいメールアドレスと
パスワードを入力し、

⑨ <送信>をクリックします。

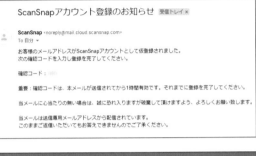

⑩ 手順**⑧**で登録したメールアド
レスに確認コードが届きます。

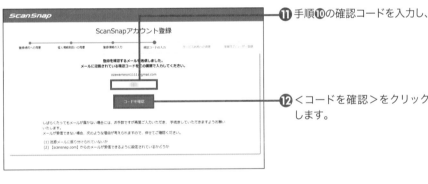

⑪ 手順**⑩**の確認コードを入力し、

⑫ <コードを確認>をクリック
します。

⑬「ScanSnap Cloud サービス
利用規約」をスクロールして
確認したら、

⑭ <同意>をクリックします。

第1章

第2章

第3章

第4章 初期設定

第5章

第6章

第7章

137

⓯ ScanSnap アカウントの登録
が完了しました。

⓰ <閉じる>をクリックします。

⓱ ScanSnap Home のメイン画
面で<設定>をクリックし、

⓲ <環境設定>をクリックしま
す。

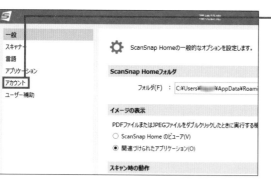

⓳ <アカウント>をクリックし、

⓴ P.137 手順❽で登録したメー
ルアドレスとパスワードを入
力し、

㉑ <サインイン>をクリックし
ます。

第1章

第2章

第3章

初期設定 第4章

第5章

第6章

第7章

㉒ < OK >をクリックします。

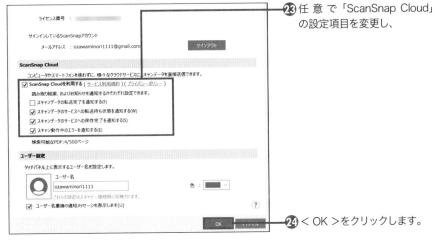

㉓ 任 意 で「ScanSnap Cloud」 の設定項目を変更し、

㉔ < OK >をクリックします。

COLUMN

ScanSnapのユーザー登録を行う

ScanSnapのサポートを受けたい場合は、ScanSnapのユーザー登録を行いましょう。ユーザー登録を行うと、「メーカー保証期間の3ヶ月延長」「本体、オプション、消耗品の特価セール」「新製品やアップデートの案内」「ScanSnapアンバサダーへの参加」といった特典を受けることができます。なお、ScanSnapのユーザー登録とScanSnapのアカウント登録は、別の登録になります。P.138手順⑮の画面で<ユーザー登録>をクリックし、画面の指示に従って登録を進めましょう。

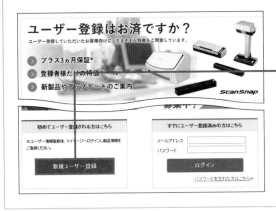

❶ P.138 手 順 ⑮ の 画 面 で <ユーザー登録>をクリックし、

❷「初めてユーザー登録される方はこちら」の<新規ユーザー登録>をクリックして、画面の指示に従って登録を進めます。

スキャンデータの保存先を変更する

クラウドサービスにスキャンしたデータを送信したい場合は、「クラウドに送る」のプロファイルを使います。ScanSnap Cloudでクラウドサービスと連携するには、サービスの認証が必要です。ここでは、すでに各サービスのアカウントを作成している前提で解説します。

スキャンデータの保存先を変更する

❶ ScanSnap Home のメイン画面で◎をクリックし、

❷ < Scan >をクリックします。

❸ スキャン画面で<クラウドに送る>をクリックし、

❹ ◎（「プロファイルを編集します。」）をクリックします。

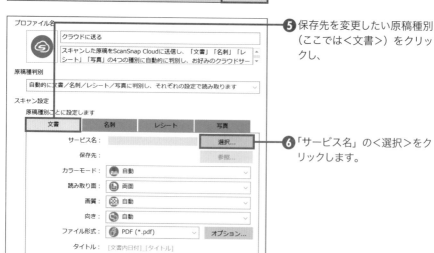

プロファイル名

クラウドに送る

スキャンした原稿をScanSnap Cloudに送信し、「文書」「名刺」「レシート」「写真」の4つの種別に自動的に判別し、お好みのクラウドサー

原稿種別判定

自動的に文書/名刺/レシート/写真に判別し、それぞれの設定で読み取ります

スキャン設定

原稿種別ごとに設定します

文書	名刺	レシート	写真

サービス名：　　　　　　　　　　　　　選択...

保存先：　　　　　　　　　　　　　参照...

カラーモード：　自動

読み取り面：　両面

画質：　自動

向き：　自動

ファイル形式：　PDF (*.pdf)　　オプション...

タイトル：　[文書内日付]_[タイトル]

❺ 保存先を変更したい原稿種別（ここでは<文書>）をクリックし、

❻ 「サービス名」の<選択>をクリックします。

第1章
第2章
第3章
第4章　初期設定
第5章
第6章
第7章

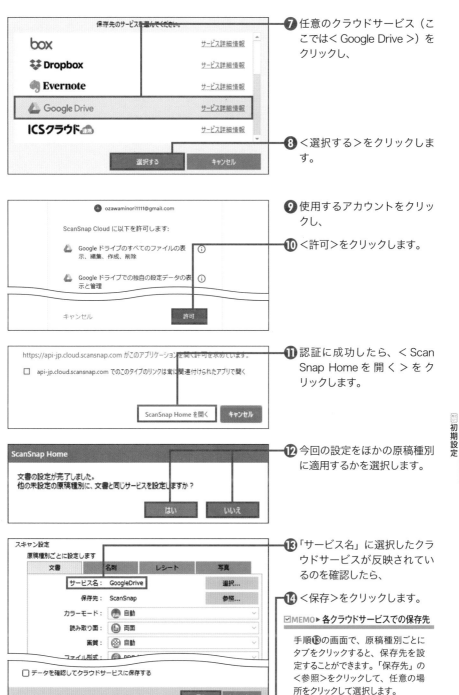

⑦ 任意のクラウドサービス（ここでは＜ Google Drive ＞）をクリックし、

⑧ ＜選択する＞をクリックします。

⑨ 使用するアカウントをクリックし、

⑩ ＜許可＞をクリックします。

⑪ 認証に成功したら、＜ ScanSnap Home を 開 く ＞ をクリックします。

⑫ 今回の設定をほかの原稿種別に適用するかを選択します。

⑬ 「サービス名」に選択したクラウドサービスが反映されているのを確認したら、

⑭ ＜保存＞をクリックします。

☑MEMO▶ **各クラウドサービスでの保存先**

手順⑬の画面で、原稿種別ごとにタブをクリックすると、保存先を設定することができます。「保存先」の＜参照＞をクリックして、任意の場所をクリックして選択します。

第1章

第2章

第3章

初期設定 第4章

第5章

第6章

第7章

060

基本操作

スキャンデータをScanSnap Cloudに送る

ScanSnap Cloudに保存されたデータは、ScanSnap Homeで確認できます。なお、ScanSnap Cloudのデータは、ScanSnap Homeのビューアや連携しているPDF編集アプリで表示、または編集することができません。

スキャンデータをScanSnap Cloudに送る

❶ タッチパネルのホーム画面で<クラウドに送る>をタッチし、

❷ < Scan >ボタンをタッチして、原稿をスキャンします。

❸ ScanSnap Home のメイン画面で◎をクリックします。

❹ ScanSnap Cloud のデータが表示されます。

❺ 「原稿種別」の▶をクリックすると、原稿種別ごとにデータを確認できます。

☑MEMO▶ データが表示されないときは

ScanSnap Cloudにスキャンしたデータが表示されないときは、画面左上にある<表示>→<更新>の順にクリックし、画面を更新すると、スキャンしたデータが表示されます。

ScanSnap Cloudの画面構成

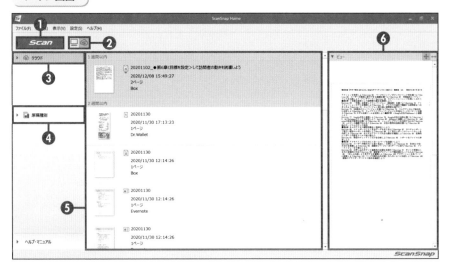

❶ Scan ボタン	スキャン画面（P.041 参照）が表示されます。
❷ 画面切り替え	ローカルフォルダ／ ScanSnap Cloud に保存されているデータのメイン画面表示を切り替えます。
❸ クラウド（フォルダビューリスト）	ScanSnap Cloud サーバー上のフォルダーです。ScanSnap Cloud サーバーに保存されているすべてのコンテンツが表示されます。
❹ 原稿種別	スキャンした書類のコンテンツが原稿の種別で分類されて表示されます。
❺ コンテンツリストビュー	コンテンツリストビューで選択したフォルダー内のコンテンツが表示されます。
❻ コンテンツビュー	コンテンツリストビューで選択した、コンテンツのイメージデータとメタ情報が表示されます。

COLUMN

ScanSnap Cloudの設定画面

ScanSnap Homeまたは、ScanSnap Cloudのホーム画面上部にある＜設定＞→＜環境設定＞→＜アカウント＞の順にクリックすると、ScanSnap Cloudの設定項目が表示されます。読み取り結果や通知をするかどうかの設定をそれぞれ行うことができます。

143

SECTION

061

基本操作

ScanSnap Cloudの
データを確認する

スキャンした原稿のイメージデータは、保存先に指定したクラウドサービスに保存されます。
保存したデータは、保存先のクラウドサービスから確認することができます。ここでは、
Webブラウザから確認する方法を紹介します。

クラウドサービスに保存されたファイルを確認する

Dropbox

▲ Webブラウザを起動し、「https://www.dropbox.
com」にアクセスします。登録したメールアドレスとパ
スワードを入力してログインすると、Web版 Dropbox
の画面が表示され、スキャンしたデータが確認できます。

Evernote

▲ Webブラウザを起動し、「https://evernote.com/
intl/jp/」にアクセスします。登録したメールアドレスと
パスワードを入力してログインすると、Web版
Evernote の画面が表示され、スキャンしたデータが確
認できます。

Google Drive

▲ Webブラウザを起動し、「https://www.google.
co.jp/」にアクセスします。画面右上にある ⊞ →＜ド
ライブ＞の順にクリックします。登録したメールアドレス
とパスワードを入力してログインすると、Google Drive
の画面が表示され、スキャンしたデータが確認できます。

OneDrive

▲ Webブラウザを起動し、「httos://onedrive.live.
com/about/ja-jp/」にアクセスします。Microsoft ア
カウントとパスワードを入力してログインすると、Web版
OneDrive が表示され、スキャンしたデータが確認でき
ます。

Box

▲ Webブラウザを起動し、「https://www.box.com/
ja-jp/home」にアクセスします。登録したメールアドレ
スとパスワードでログインすると、Web版 Box の画面
が表示され、スキャンしたデータが確認できます。

☑MEMO▶ スマートフォン、タブレットからの利用

これらのクラウドサービスは、スマートフォンやタブ
レットからも利用できます。それぞれのアプリは
App StoreやPlayストアからダウンロードするこ
とが可能です。アプリのダウンロードは無料で行え
ます。

SECTION

062

基本操作

振り分けに失敗した
データを振り分け直す

スキャンしたデータは自動的に「文書」「名刺」「レシート」「写真」の4つの原稿種別に分類されますが、まれに振り分けに失敗することがあります。その場合は、手動で原稿種別を変更し、振り分けをし直しましょう。

振り分けに失敗したデータを振り分け直す

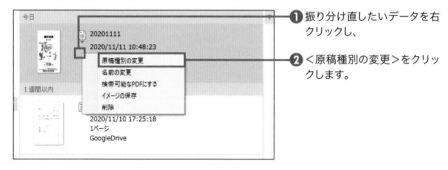

❶ 振り分け直したいデータを右クリックし、

❷ <原稿種別の変更>をクリックします。

❸ 変更先の原稿種別にチェックを付け、

❹ <保存>をクリックします。

❺ 振り分けが修正され、対応したサービスにデータが転送されます。

第1章

第2章

第3章

基本操作 第4章

第5章

第6章

第7章

145

スキャンデータの読み取り設定を変更する

ScanSnap Cloudのカラーモードや読み取り面、画質などといった読み取り設定は、ScanSnap Homeと同様の操作で変更できます。また、ScanSnap本体のタッチパネルでも変更が可能です。

スキャンデータの読み取り設定を変更する

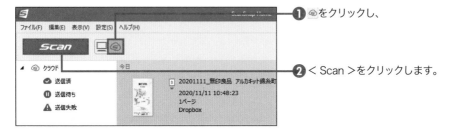

❶ ⊚をクリックし、

❷ < Scan >をクリックします。

❸ スキャン画面で<クラウドに送る>をクリックし、

❹ ⊘(「プロファイルを編集します。」)をクリックします。

❺ 読み取り項目を変更したい原稿種別(ここでは<文書>)をクリックします。

❻ 任意の読み取り項目(ここでは「カラーモード」)の設定を変更します。

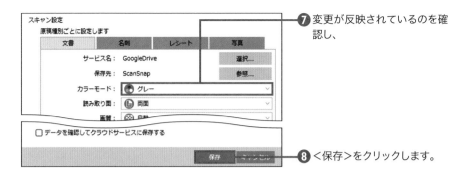

7 変更が反映されているのを確認し、

8 <保存>をクリックします。

ScanSnapのタッチパネルで読み取り設定を変更する

1 タッチパネルで読み取り設定を変更する場合は、ホーム画面で<クラウドに送る>をタッチし、

2 任意の項目(ここでは<カラーモード>)をタッチします。

3 <原稿種別ごとの設定>をタッチし、

4 パネル下のアイコンをタッチして原稿種別(ここでは📄(文書))を選択し、

5 変更したい設定をタッチして、<設定>をタッチします。

第1章

第2章

第3章

基本操作 第4章

第5章

第6章

第7章

検索可能なPDFを作成する

スキャンしたデータを検索可能なPDFにしたい場合は、手動で変更しましょう。
ScanSnap Cloudを利用してクラウドサービスに連携する場合、検索可能なPDFは、1ヶ
月に500ページまで作成できます。

検索可能なPDFにする

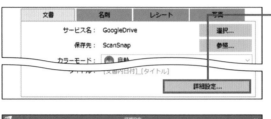

❶「クラウドに送る」のプロファイル追加または編集画面で、「スキャン設定」内にある＜詳細設定＞をクリックします。

❷「検索可能な PDF にします」にチェックを付け、

❸ ＜ OK ＞をクリックし、

❹ ＜ OK ＞→＜保存＞の順にクリックします。

COLUMN

検索可能なPDFの作成は1ヶ月に500ページまで

ScanSnap Cloudを利用している場合、検索可能なPDFの作成は1ヶ月に500ページまでです。
現在までに作成したページ数は、「環境設定」画面の「アカウント」タブで確認できます。また、
検索可能なPDFに変換できなかったデータは、翌月手動で変換することが可能です。

第1章

第2章

第3章

第4章 基本操作

第5章

第6章

第7章

065

基本操作

ScanSnap Cloudのデータを パソコンに保存する

ScanSnap Cloudのデータは、パソコン内のフォルダを指定して直接保存することができます。なお、クラウドに保存したデータは、ScanSnap Homeのデータのようにエクスプローラーで表示することはできません。

ScanSnap Cloudのデータをパソコンに保存する

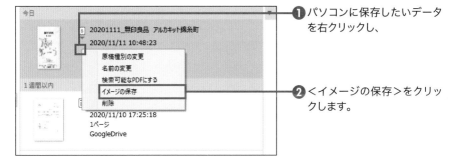

❶ パソコンに保存したいデータ を右クリックし、

❷ <イメージの保存>をクリックします。

❸ データの保存先を指定し、

❹ <フォルダーの選択>をクリックします。

❺ データが保存されます。

第1章

第2章

第3章

基本操作 第4章

第5章

第6章

第7章

ScanSnap Cloudを
使わずにクラウドに保存する

「クラウドサービス（クライアントアプリ経由）」のプロファイルを利用すると、スキャンの際にScanSnap Cloudを使わずに(ScanSnap Cloudに保存せずに)指定したクラウドサービスにデータを保存することができます。

ScanSnap Cloudを使わずにクラウドに保存する

❶ スキャン画面で🔄（「プロファイルを追加します。」）をクリックします。

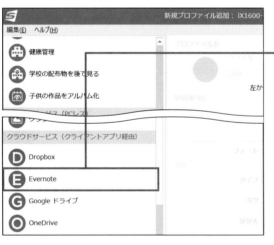

❷ 「新規プロファイル追加」画面が表示されます。

❸ 画面左のリストから「クラウドサービス（クライアントアプリ経由）」の任意のクラウドサービス（ここでは＜Evernote＞）をクリックします。

COLUMN

クラウドサービスのデスクトップアプリをインストールしておく

クラウドサービスのプロファイルを追加する場合、ScanSnap Homeを利用しているパソコンに事前にクラウドサービスのデスクトップアプリをインストールし、ログインを済ませておきましょう。選択したクラウドサービスがインストールされていないと、P.151手順❿のあとにインストールの案内が表示されます。

第1章

第2章

第3章

第4章　基本操作

第5章

第6章

第7章

❹ 画面右側にテンプレートが反映されます。

❺ 「スキャン設定」などの項目を設定したら、

❻ 「管理」内にある「保存先」の<参照>をクリックします。

❼ データの保存先を指定し、

❽ <フォルダーの選択>をクリックします。

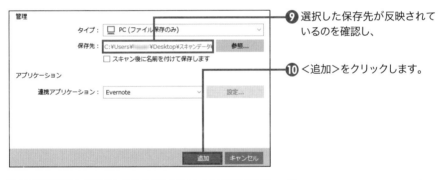

❾ 選択した保存先が反映されているのを確認し、

❿ <追加>をクリックします。

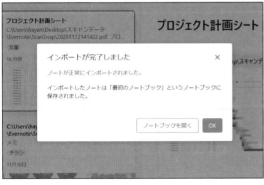

⓫ 作成したプロファイルで書類をスキャンすると、スキャンデータは ScanSnap Cloud には保存されず、クラウドサービスに直接保存されます。

第1章
第2章
第3章
基本操作 第4章
第5章
第6章
第7章

151

■ データの保存先をクラウドの同期フォルダにする

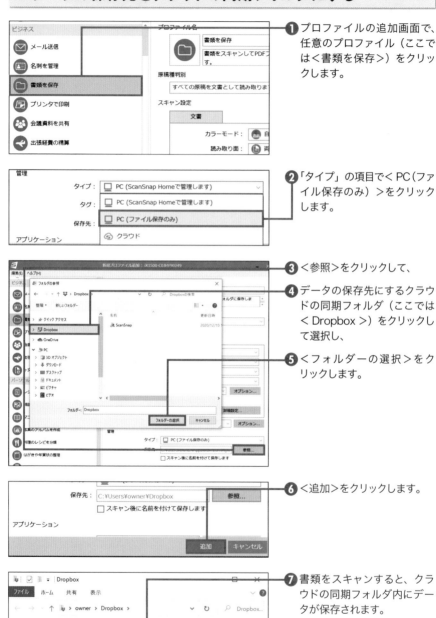

❶ プロファイルの追加画面で、任意のプロファイル（ここでは＜書類を保存＞）をクリックします。

❷ 「タイプ」の項目で＜PC（ファイル保存のみ）＞をクリックします。

❸ ＜参照＞をクリックして、

❹ データの保存先にするクラウドの同期フォルダ（ここでは＜Dropbox＞）をクリックして選択し、

❺ ＜フォルダーの選択＞をクリックします。

❻ ＜追加＞をクリックします。

❼ 書類をスキャンすると、クラウドの同期フォルダ内にデータが保存されます。

067

基本操作

ScanSnap Cloudに
保存されたデータを削除する

ScanSnap Cloudのデータを削除するときは、削除したいデータの上で右クリックし、メニューをクリックして選択するだけで、すぐに削除できます。なお、データの削除を行わなくても、2週間が経過したデータは自動的に削除されます。

ScanSnap Cloudに保存されたデータを削除する

❶ScanSnap Home のメイン画面で ⊚ をクリックします。

❷ScanSnap Cloud のメイン画面が表示されるので、削除したいデータをクリックします。

☑MEMO▶ScanSnap Cloud上の保存期間

ScanSnap Cloud サーバーにデータが保存されているコンテンツは、原稿をスキャンしてから2週間経過すると、自動的に削除されるので注意しましょう。

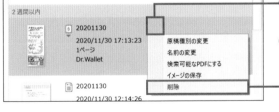

❸削除したいデータの上で右クリックし、

❹<削除>をクリックします。

❺<はい>をクリックすると、ScanSnap Cloud からデータを削除できます。

第1章
第2章
第3章
第4章 基本操作
第5章
第6章
第7章

スキャンデータを Dropboxで活用する

スキャンしたデータをどこにいても活用したいなら、Dropboxが便利です。インターネット上にファイルを保存するので、パソコンだけでなくスマートフォンからも閲覧・編集ができ、Dropboxを介したデータの転送も行えます。

Dropboxとは

Dropbox は、インターネット上のディスクスペースであるクラウドストレージに、文書や画像、動画、音楽などのファイルを保存しておくことができるサービスです。Dropbox のアカウントを作成すれば、無料で 2GB の容量を使うことができます。保存したファイルは、パソコンではもちろん、スマートフォンやタブレット端末からでも利用できます。

Dropbox をインストールするとアプリケーションがインストールされ、ファイルの操作が行えます。また、パソコンのユーザーフォルダ内に「Dropbox」フォルダが作成されます。このフォルダにファイルを保存することで、自動的にファイルがサーバーにアップロードされます。パソコン上の「Dropbox」フォルダのファイルはネットにつながっていない状態でも利用可能なため、会社や自宅はもちろん、外出先など、あらゆる場所から情報にアクセスすることができます。

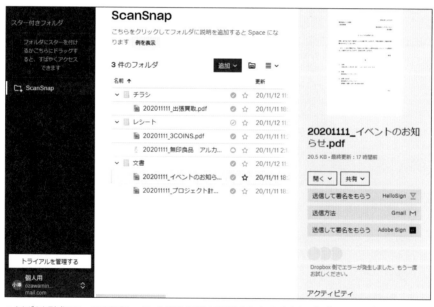

▲さまざまな形式のファイルを保存し、フォルダごとに分けて管理することができます。作成したフォルダはパソコンに同期されます。

データをフォルダで整理する

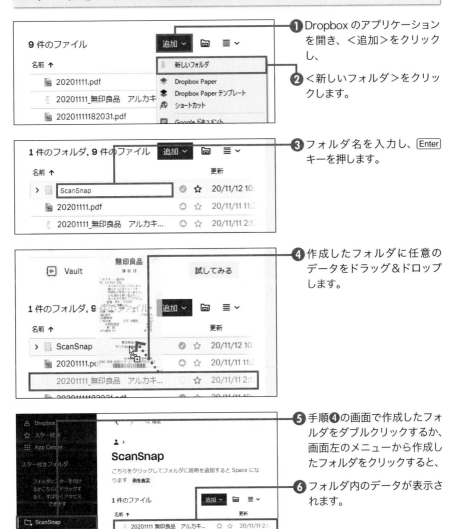

❶ Dropbox のアプリケーション を開き、＜追加＞をクリック し、

❷ ＜新しいフォルダ＞をクリックします。

❸ フォルダ名を入力し、Enter キーを押します。

❹ 作成したフォルダに任意の データをドラッグ＆ドロップ します。

❺ 手順❹の画面で作成したフォ ルダをダブルクリックするか、 画面左のメニューから作成し たフォルダをクリックすると、

❻ フォルダ内のデータが表示さ れます。

第1章　第2章　第3章　第4章　Dropbox　第5章　第6章　第7章

COLUMN

作成したフォルダはパソコンに同期される

作成したフォルダは、エクスプローラーの「Dropbox」フォルダ内にも同時に作成されます。また、このフォルダをScanSnapでスキャンしたデータの保存先に指定することで、パソコン経由でデータをDropboxに保存することができます。

パソコンのデータをDropboxに同期する

① エクスプローラーで「Dropbox」
フォルダを開きます。

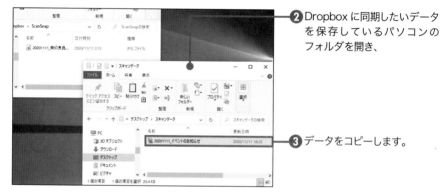

② Dropbox に同期したいデータ
を保存しているパソコンの
フォルダを開き、

③ データをコピーします。

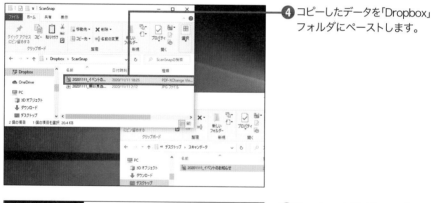

④ コピーしたデータを「Dropbox」
フォルダにペーストします。

⑤ Dropbox を開くと、コピーし
たデータが同期されているこ
とが確認できます。

■ ファイルを共有する

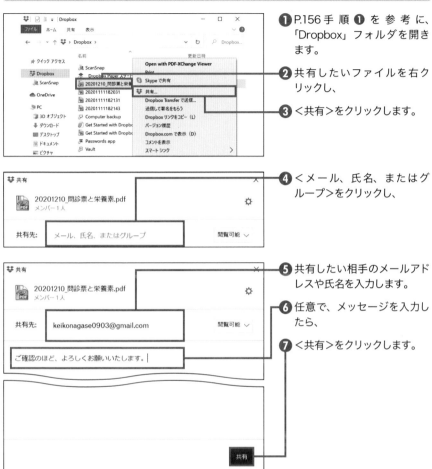

❶ P.156 手 順 ❶ を 参 考 に、
「Dropbox」 フォルダを開き
ます。

❷ 共有したいファイルを右ク
リックし、

❸ <共有>をクリックします。

❹ <メール、氏名、またはグ
ループ>をクリックし、

❺ 共有したい相手のメールアド
レスや氏名を入力します。

❻ 任意で、メッセージを入力し
たら、

❼ <共有>をクリックします。

☑MEMO ▶ Dropboxで共有フォルダを作成する

共有フォルダの作成はDropboxのアプリケー
ションから行うことができます。共有したいフォ
ルダを右クリックして、<共有>をクリックしま
す。共有先のメールアドレスを入力し、任意
でメッセージを入力したら、<共有>をクリッ
クします。共有が完了すると、以降共有フォル
ダに追加されたデータは共有相手も確認でき
るようになります。

第1章

第2章

第3章

Dropbox 第4章

第5章

第6章

第7章

スキャンデータを
Evernoteで活用する

Evernoteはインターネット上に保存できる自分だけのメモ管理サービスで、ファイルを「ノート」、フォルダを「ノートブック」という形で管理します。プレミアムとBusinessのプランでは、高品質な検索機能を利用できます。

Evernoteとは

Evernote は、インターネット上のサーバーに「ノート」を保存できるサービスです。Dropbox がクラウドに「ファイルそのもの」を保存するのに対し、Evernote は「データをノートに貼り付ける」という形で保存します。 Evernote に保存できるファイルは、PDF や画像、動画や音楽ファイル、Office ファイルといったさまざまな形式に対応しています。追加したデータの閲覧はもちろん、Evernote 上で編集を行うことも可能です。

Evernote は検索機能に優れており、Evernote プレミアムと Evernote Business のプランの場合、PDF、画像、名刺、Office ファイルなどの文字を瞬時に検索することができます。さらに、手書きメモ、ホワイトボードの写真、手帳に書いた ToDo リストなどの手書き文字の検索も可能です。

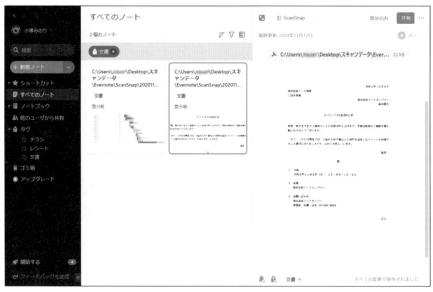

▲さまざまな形式のデータを「ノート」として保存し、フォルダのように「ノートブック」を作成したり、タグを追加したりして管理できます。

■ データをノートブックで整理する

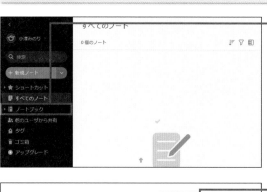

❶ Evernote のアプリケーションを開き、画面左のメニューから＜ノートブック＞をクリックして、

❷ 画面右の＜新規ノートブック＞をクリックします。

❸ ノートブックの名前を入力し、

❹ ＜続行＞をクリックします。

❺ ノートブックの作成が完了します。

第1章

第2章

第3章

Evernote

第4章

第5章

第6章

第7章

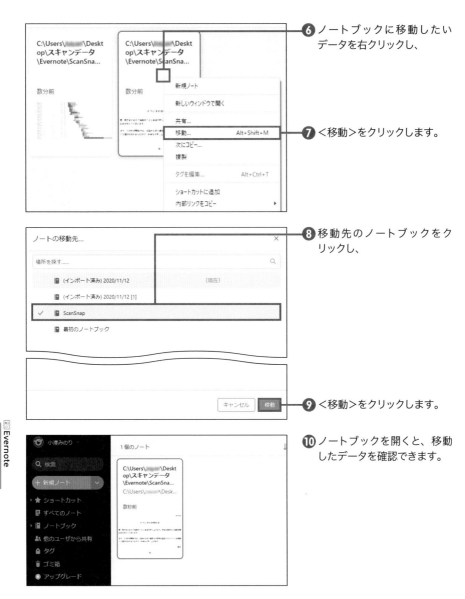

⑥ ノートブックに移動したい
データを右クリックし、

⑦ <移動>をクリックします。

⑧ 移動先のノートブックをク
リックし、

⑨ <移動>をクリックします。

⑩ ノートブックを開くと、移動
したデータを確認できます。

第1章

第2章

第3章

第4章 Evernote

第5章

第6章

第7章

COLUMN

ノートブックの役割

Evernoteでは、メモやPDFなどを「ノート」に追加する形で保存します。ノートが増えると、必要なデータを探すのが困難になります。ノートブックはパソコンでいう「フォルダ」と同じ役割なので、上手に利用してノートを管理しましょう。

■ データをタグで整理する

① タグを追加したいデータを開き、

② 画面左下の 🏷 をクリックします。

③ タグ名を入力し、Tab キーを押します。

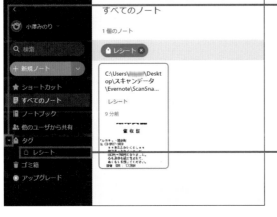

④ タグが追加されます。

⑤ 画面左の「タグ」の ▶ をクリックし、

⑥ 任意のタグをクリックすると、タグの付いたデータが表示されます。

SECTION

070

Google Drive

スキャンデータを
Google Driveで活用する

Google Driveは、Googleが提供するストレージサービスです。Googleアカウントを持っていれば誰でも利用可能で、1ユーザーあたり15GBの容量を無料で自由に使うことができます。

Google Driveとは

Google Drive は、Google アカウントを所有していれば誰でも利用できる無料のオンラインストレージです。 Sec.059 や Sec.066 で保存先に Google Drive を選択すると、自動的に「ScanSnap」フォルダが作成され、スキャンしたデータはすべてこのフォルダに保存されます。「ScanSnap」フォルダ内にさらにファイルを作成することも可能なので、データを管理しやすいように整理できます。

Google Drive に保存されているデータは、Google アカウントを持つほかのユーザーとも閲覧や共同編集が行え、すべてのデータに与えられた変更をリアルタイムで確認できます。また、スキャンしたデータは「Google ドキュメント」などのアプリで開いて編集することも可能です。

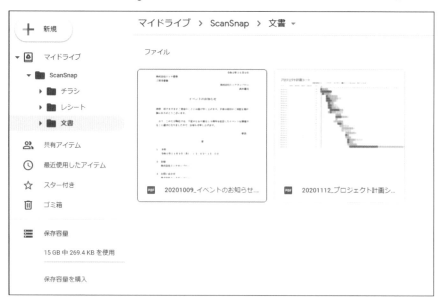

▲ ScanSnap Cloud でデータの保存先を Google Drive に設定すると、「ScanSnap」フォルダが自動作成されます。スキャンデータはすべてこのフォルダに保存されます。

データをフォルダで整理する

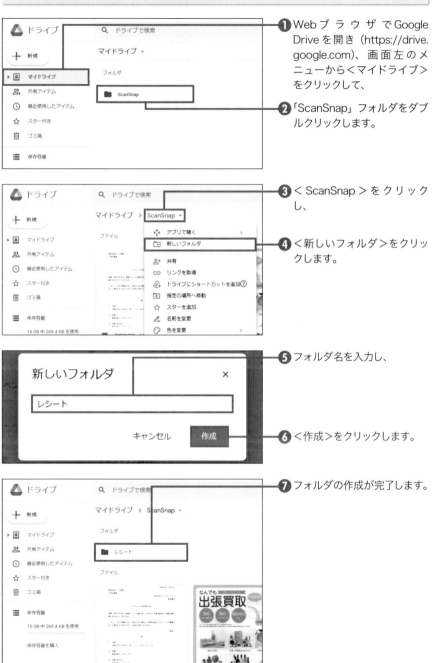

❶ Web ブ ラ ウ ザ で Google Drive を開き（https://drive. google.com）、画 面 左 の メ ニューから＜マイドライブ＞をクリックして、

❷「ScanSnap」フォルダをダブルクリックします。

❸ ＜ ScanSnap ＞ を ク リ ッ クし、

❹ ＜新しいフォルダ＞をクリックします。

❺ フォルダ名を入力し、

❻ ＜作成＞をクリックします。

❼ フォルダの作成が完了します。

第1章

第2章

第3章

第4章 Google Drive

第5章

第6章

第7章

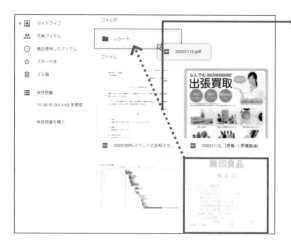

❽ 作成したフォルダに任意の
データをドラッグ＆ドロップ
します。

❾ フォルダを開くと、移動した
データを確認できます。

フォルダを共有する

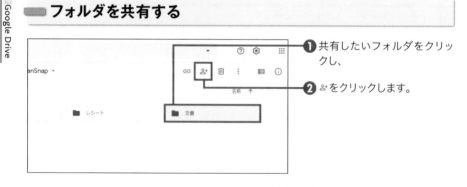

❶ 共有したいフォルダをクリッ
クし、

❷ ⚲+をクリックします。

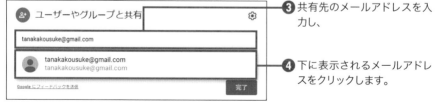

❸ 共有先のメールアドレスを入
力し、

❹ 下に表示されるメールアドレ
スをクリックします。

第1章

第2章

第3章

第4章 Google Drive

第5章

第6章

第7章

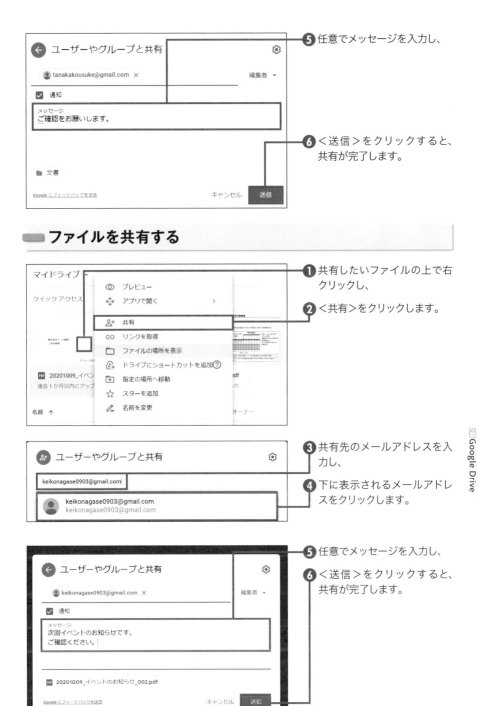

⑤ 任意でメッセージを入力し、

⑥ <送信>をクリックすると、
共有が完了します。

ファイルを共有する

① 共有したいファイルの上で右クリックし、

② <共有>をクリックします。

③ 共有先のメールアドレスを入力し、

④ 下に表示されるメールアドレスをクリックします。

⑤ 任意でメッセージを入力し、

⑥ <送信>をクリックすると、共有が完了します。

第1章

第2章

第3章

第4章 Google Drive

第5章

第6章

第7章

スキャンデータを OneDriveで活用する

OneDriveは、Microsoftが提供するクラウドストレージサービスです。ブラウザでの利用はもちろん、Windows 10のパソコンの場合はOneDriveがインストール済みなので、すぐに利用することができます。

OneDriveとは

OneDrive は、Microsoft が提供するオンラインストレージサービスです。保存されているデータは Office アプリとの連携が可能ですが、Office アプリがインストールされていないパソコンやブラウザでも、データの閲覧や編集が可能です。なお、OneDrive を利用するには Microsoft アカウントを作成する必要があります。

また、Windows 10 では OneDrive のデスクトップアプリがプリインストールされており、無料プランの 5GB が利用できます。OneDrive は Windows と統合されているため、通常のパソコンのフォルダと同じようにファイルをドラッグ＆ドロップするだけで、インターネット上の OneDrive サーバーに保存することができます。

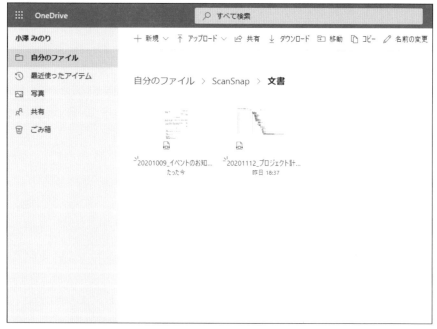

▲ Google Drive と同様に、ScanSnap Cloud でデータの保存先を OneDrive に設定すると、「ScanSnap」フォルダが自動作成されます。

データをフォルダで整理する

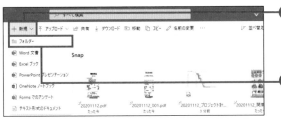

❶ Web ブ ラ ウ ザ で OneDrive を 開 き（https://.onedrive.live.com）、<新規>をクリックして、

❷ <フォルダー>をクリックします。

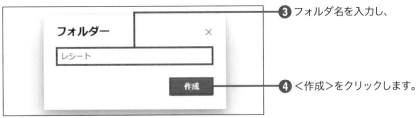

❸ フォルダ名を入力し、

❹ <作成>をクリックします。

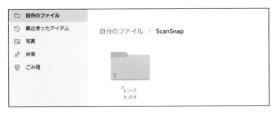

❺ フォルダが作成されます。

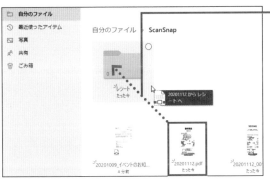

❻ 作成したフォルダに任意のデータをドラッグ＆ドロップします。

❼ フォルダを開くと、移動したデータを確認できます。

第1章

第2章

第3章

OneDrive 第4章

第5章

第6章

第7章

フォルダを共有する

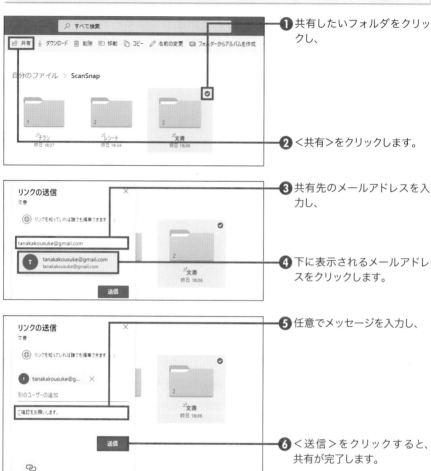

❶ 共有したいフォルダをクリックし、

❷ <共有>をクリックします。

❸ 共有先のメールアドレスを入力し、

❹ 下に表示されるメールアドレスをクリックします。

❺ 任意でメッセージを入力し、

❻ <送信>をクリックすると、共有が完了します。

第1章

第2章

第3章

第4章 OneDrive

第5章

第6章

第7章

COLUMN

共有を解除する

共有を解除する場合、共有したフォルダの横に表示されている ♂ をクリックし、共有相手の<編集可能>をクリックして、<共有を停止>をクリックします。

ファイルを共有する

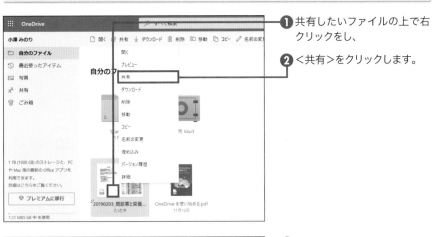

❶ 共有したいファイルの上で右クリックをし、

❷ <共有>をクリックします。

❸ 共有先のメールアドレスを入力し、

❹ 下に表示されるメールアドレスをクリックします。

❺ 任意でメッセージを入力し、

❻ <送信>をクリックすると、共有が完了します。

第 1 章

第 2 章

第 3 章

第 4 章 OneDrive

第 5 章

第 6 章

第 7 章

スキャンデータを Boxで活用する

Boxは、米国カルフォルニア州の企業から生まれたクラウドサービスです。個人利用も可能ですが、ビジネス用として世界中で多くの企業に利用されており、強固なセキュリティが最大の魅力です。

Boxとは

Box は、世界で 15 万社以上が利用する、コンテンツ共有と安全性に優れたクラウドサービスです。ビジネス向けのサービスではありますが、個人ユーザー向けのプランも用意されており、10GB のストレージ容量が利用できます。Box には 100 種類以上の拡張子に対応するプレビュー機能が搭載されており、主な PDF や JPEG ファイルはもちろん、Office ファイルや Adobe ファイルなどの閲覧も可能です。

なお、プロファイルの「クラウドサービス（クライアントアプリ経由）」に Box は対応していません（Sec.066 参照）。Box にデータを保存したい場合は、「クラウドにファイルを保存」などのプロファイルを作成・利用しましょう。

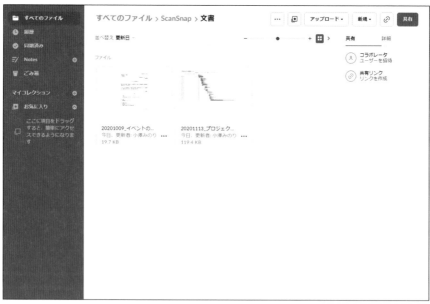

▲デスクトップアプリ「Box Drive」を利用すると、ブラウザを経由せずに同期しているファイルを自動的に保存しアップロードすることが可能です。

データをフォルダで整理する

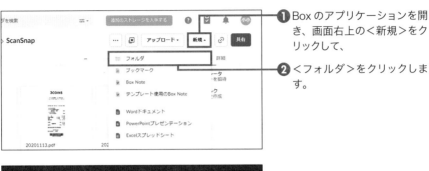

❶ Box のアプリケーションを開き、画面右上の＜新規＞をクリックして、

❷ ＜フォルダ＞をクリックします。

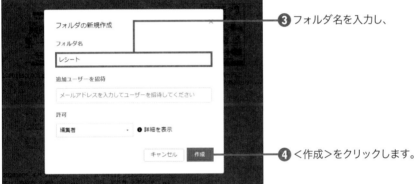

❸ フォルダ名を入力し、

❹ ＜作成＞をクリックします。

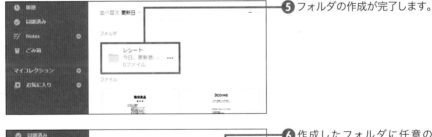

❺ フォルダの作成が完了します。

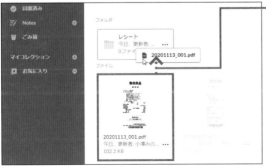

❻ 作成したフォルダに任意のデータをドラッグ＆ドロップし、

❼ フォルダを開くと、移動したデータを確認できます。

第1章

第2章

第3章

Box 第4章

第5章

第6章

第7章

フォルダを共有する

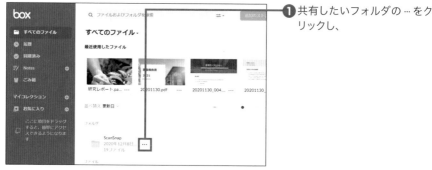

❶ 共有したいフォルダの … をクリックし、

❷ <共有>をクリックします。

❸ 共有先のメールアドレスを入力し、

'ScanSnap'を共有　　　　　　　　　×

ユーザーを招待

keikonagase0903@gmail.com

編集者として招待 ▾

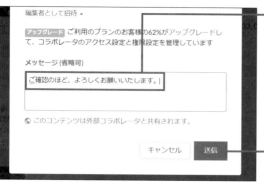

編集者として招待 ▾

アップグレード ご利用のプランのお客様の62%がアップグレードして、コラボレータのアクセス設定と権限設定を管理しています

メッセージ (省略可)

ご確認のほど、よろしくお願いいたします。

◉ このコンテンツは外部コラボレータと共有されます。

キャンセル　　送信

❹ 任意でメッセージを入力し、

❺ <送信>をクリックすると、共有が完了します。

第1章

第2章

第3章

第4章　Box

第5章

第6章

第7章

ファイルを共有する

❶ 共有したいファイルの … をクリックし、

❷ <共有>をクリックします。

❸ 共有先のメールアドレスを入力し、

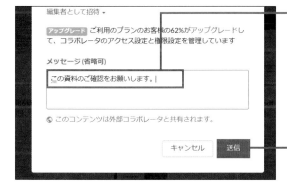

❹ 任意でメッセージを入力し、

❺ <送信>をクリックすると、共有が完了します。

第1章

第2章

第3章

第4章 Box

第5章

第6章

第7章

サービス接続の有効期限

ScanSnap Cloud サーバーからクラウドサービスに一定期間アクセスしないと、クラウドサービスへの認証の有効期限が切れることがあります。ScanSnap を使用していて、「クラウドサービスへの保存に失敗しました。」というエラーが表示される場合、有効期限が切れてしまっている可能性があります。また、クラウドサービスのアカウントを変更した場合にも同様のエラーが表示されます。その際は、使用しているプロファイルの編集画面を開き、データを保存するクラウドサービスを設定し直しましょう。

クラウドサービスを設定し直す

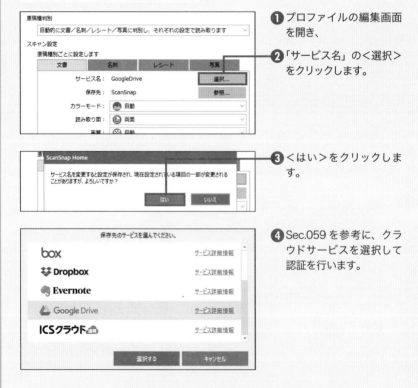

❶プロファイルの編集画面を開き、

❷「サービス名」の<選択>をクリックします。

❸<はい>をクリックします。

❹Sec.059 を参考に、クラウドサービスを選択して認証を行います。

第 5 章

仕事場からテレワークまで!
スキャンデータの
ビジネス活用

ScanSnapは、職場での書類管理やテレワークにも活躍します。本章では、ビジネスシーンでのさまざまなScanSnapの活用方法を紹介します。

テレワークで ScanSnapを活用する

昨今、新しい働き方として「テレワーク」が注目されており、加速度的に社会に浸透しています。しかし、テレワークの大きな課題の1つに、「会社で保管している紙の書類が確認できないこと」が挙げられます。

テレワークでScanSnapを活用する

2021年現在、さまざまな企業でテレワークが導入されています。しかし、会社で保管している紙の書類を確認するために、やむなく出社しなければならない場面があるという課題を抱えている企業もあるでしょう。そのような事態を防ぐために、会社のあらゆる紙の書類をスキャンして保存しておくことをおすすめします。

テレワークをスムーズに進めるためには、「書類のデジタル化」が必須です。紙の書類をScanSnapでデジタル化し、クラウドサービスや社内サーバーに保存しておけば、自宅やカフェでかんたんにデータにアクセスすることができます。書類がすべてパソコン内にあることで、必要な資料を探すための時間も省略でき、また情報共有もしやすくなります。

PFUは2020年4月、テレワーク導入に課題を感じている企業に対し、テレワーク業務を円滑に推進できるよう、モニターとしてScanSnapを無償提供するプロジェクトを実施しました。その後、プロジェクトに参加した企業に「ScanSnap導入後のテレワーク環境の変化」についてのアンケートを行ったところ、95%のユーザーが「テレワーク業務の生産性が向上している」という回答結果になりました。

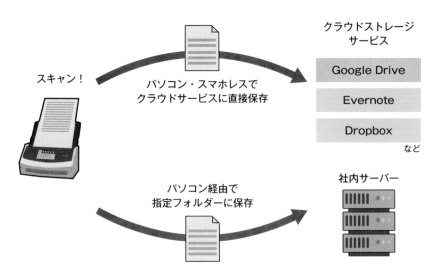

テレワークでのScanSnap活用事例

名刺のスキャン

▲取引先の名刺をスキャンして管理することで、社外にいるときの急な連絡にも対応ができます（Sec.074 ～ 079 参照）。

書類の共有

▲スキャンした書類は、すぐに同じ部署や取引相手にメールなどを通して共有できます（Sec.081、088 参照）。

書類のコピー

▲自宅にプリンターがある場合は、ScanSnap をコピー機の代わりに利用することができます（Sec.086 参照）。

経費の精算

▲ ScanSnap とクラウドサービスの連携で、レシートや領収書をまとめて管理することができます（Sec.090 参照）。

e- 文書法に対応した設定

▲ e- 文書法に対応した読み取り設定「e- 文書モード」で書類をスキャンすることができます（Sec.089 参照）。

確定申告

▲ ScanSnap とクラウドサービスの連携で、確定申告の作業を大幅に短縮することができます（Sec.091 参照）。

第1章
第2章
第3章
第4章
テレワーク 第5章
第6章
第7章

名刺をスキャンし
データ化して整理する

ビジネスの現場では、名刺は必須アイテムです。整理を怠ると、必要な名刺が大事な場面で出てこないといった事態に陥ることがあります。ScanSnapを使えば、大量の名刺をかんたんに整理することができます。

名刺をスキャンする

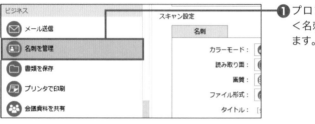

❶ プロファイルの追加画面で<名刺を管理>をクリックします。

❷ 「読み取り面」の項目が「両面」に設定されているのを確認し、

☑MEMO▶ **事前設定のポイント**

名刺の場合、裏表に情報が記載されている場合もあります。スキャン漏れがないよう、「読み取り面」は「両面」に設定しておきましょう。

❸ <追加>をクリックします。

第1章

第2章

第3章

第4章

第5章 名刺

第6章

第7章

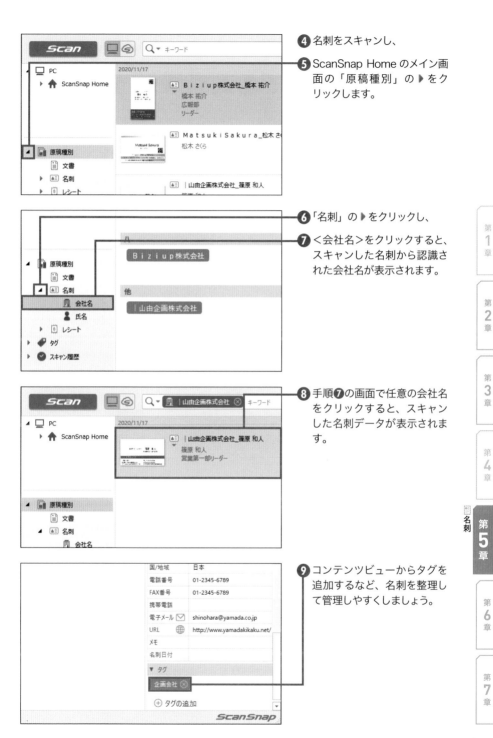

④ 名刺をスキャンし、

⑤ ScanSnap Home のメイン画面の「原稿種別」の ▶ をクリックします。

⑥「名刺」の ▶ をクリックし、

⑦ <会社名>をクリックすると、スキャンした名刺から認識された会社名が表示されます。

⑧ 手順⑦の画面で任意の会社名をクリックすると、スキャンした名刺データが表示されます。

⑨ コンテンツビューからタグを追加するなど、名刺を整理して管理しやすくしましょう。

第 1 章

第 2 章

第 3 章

第 4 章

名刺 第 5 章

第 6 章

第 7 章

名刺スキャンサービスを
利用して名刺を管理する

Eightは、ScanSnapでスキャンした名刺、またはスマートフォンで撮影した名刺を登録し、管理できるサービスです（https://8card.net/）。Eightを利用するには、アカウントの作成と自分の名刺の登録が必要です。事前に済ませておきましょう。

名刺のデータをEightに保存する

❶「クラウドに送る」のプロファイル追加または編集画面で「名刺」タブをクリックし、

❷「サービス名」の<選択>をクリックします。

❸ 設定済みのクラウドサービスがある場合、変更の確認画面が表示されます。<はい>をクリックし、

❹ < Eight >をクリックして、

❺ <選択する>をクリックします。

❻ メールアドレスとパスワードを入力し、

❼ <ログイン>をクリックします。

❽ <接続する>をクリックします。

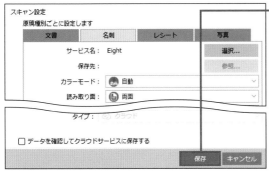

❾ <追加>または<保存>をクリックします。

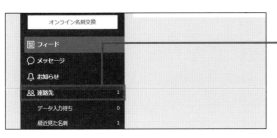

❿ 名刺をスキャンし、

⓫ Eight を表示して、画面左のメニューから<連絡先>をクリックします。

⓬ スキャンした名刺の名前と会社名が表示されます。

⓭ 名刺データを見たい相手の名前をクリックすると、

⓮ 相手の情報が確認できる画面が表示されます。

第1章

第2章

第3章

第4章

名刺 第5章

第6章

第7章

名刺のデータをEightで整理する

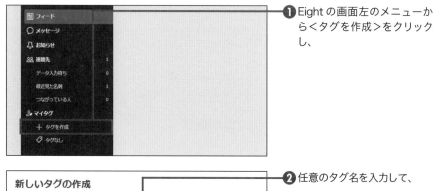

❶ Eight の画面左のメニューか ら<タグを作成>をクリック し、

❷ 任意のタグ名を入力して、

❸ <作成する>をクリックしま す。

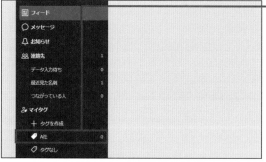

❹ タグが作成されます。

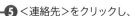

❺ <連絡先>をクリックし、

❻ タグに登録したい人にチェッ クを付けます。

第1章

第2章

第3章

第4章

第5章 名刺

第6章

第7章

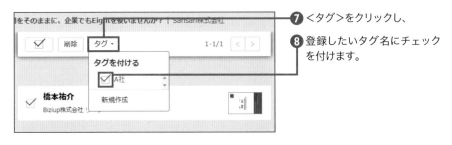

7 ＜タグ＞をクリックし、

8 登録したいタグ名にチェックを付けます。

9 タグ名をクリックすると、

10 登録した人の名前と会社名が表示されます。

11 手順**9**で任意のタグ名にマウスカーソルを合わせ、▨をクリックすると、タグ名を編集したり削除したりできます。

第1章

第2章

第3章

第4章

名刺 第5章

第6章

第7章

COLUMN

そのほかの整理方法

P.181手順**14**の画面で＜メモ＞をクリックすると、名刺情報にメモを付加することができます。メモの内容は、自分以外は見ることができません。また、手順**9**の画面で＜交換月順＞をクリックすると、「名前順」「会社名順」で並べ替えて表示することができます。

Evernoteで
名刺を管理する

ScanSnap Cloudで名刺の保存先をEvernoteに設定すると、Evernoteでノートブックやタグなどで管理できる名刺帳が作成できます。業種別や会社別のノートブックを作成し、詳細情報をタグ付けするなどして探しやすくしましょう。

名刺のデータをEvernoteに保存する

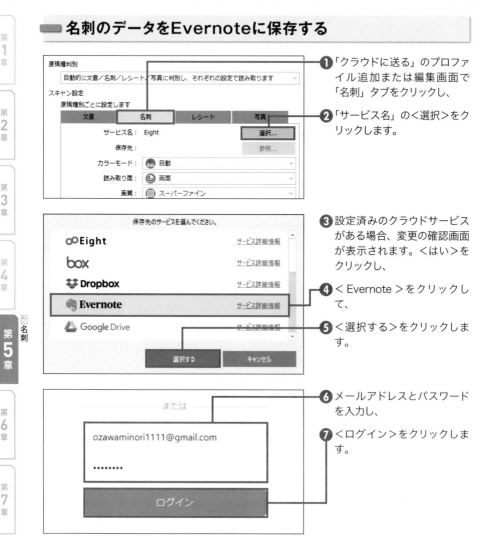

❶「クラウドに送る」のプロファイル追加または編集画面で「名刺」タブをクリックし、

❷「サービス名」の＜選択＞をクリックします。

❸ 設定済みのクラウドサービスがある場合、変更の確認画面が表示されます。＜はい＞をクリックし、

❹ ＜Evernote＞をクリックして、

❺ ＜選択する＞をクリックします。

❻ メールアドレスとパスワードを入力し、

❼ ＜ログイン＞をクリックします。

第1章

第2章

第3章

第4章

第5章 名刺

第6章

第7章

⑧ <承認する>をクリックすると、認証が完了します。

⑨ < ScanSnap Home を開く>をクリックします。

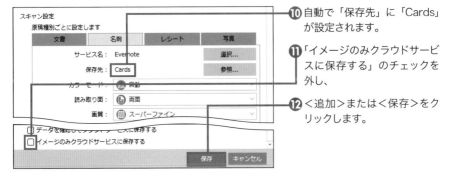

⑩ 自動で「保存先」に「Cards」が設定されます。

⑪ 「イメージのみクラウドサービスに保存する」のチェックを外し、

⑫ <追加>または<保存>をクリックします。

⑬ 名刺をスキャンし、

⑭ Evernote を表示して、画面左のメニューから「ノートブック」の▶をクリックします。

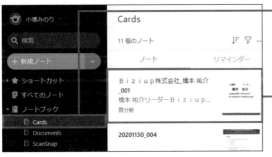

⑮ < Cards >をクリックすると、

⑯ スキャンした名刺のデータが表示されます。

第1章

第2章

第3章

第4章

名刺 第5章

第6章

第7章

名刺のデータをEvernoteで整理する

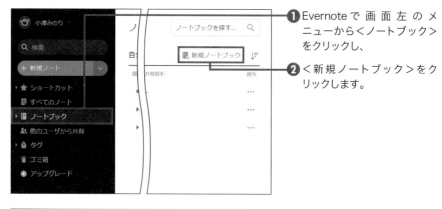

❶ Evernote で 画 面 左 の メ ニューから<ノートブック> をクリックし、

❷ <新 規 ノ ー ト ブ ッ ク >をク リックします。

❸ ノートブックの名前を入力し、

❹ <続行>をクリックします。

❺ ノートブックの作成が完了し ます。

❻ 「Cards」の ▶ をクリックしま す。

❼ 「Cards」に保存されている名 刺のデータを、作成したノー トブックにドラッグ&ドロップ します。

第1章

第2章

第3章

第4章

第5章 名刺

第6章

第7章

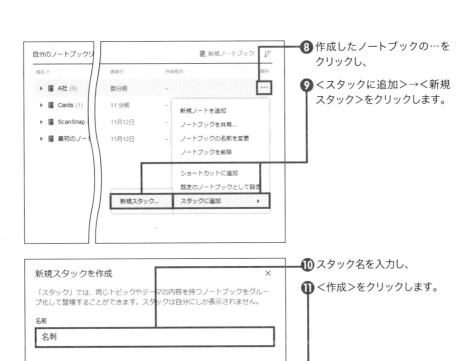

❽ 作成したノートブックの…を
クリックし、

❾ ＜スタックに追加＞→＜新規
スタック＞をクリックします。

❿ スタック名を入力し、

⓫ ＜作成＞をクリックします。

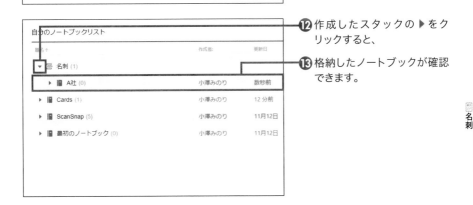

⓬ 作成したスタックの ▶ をク
リックすると、

⓭ 格納したノートブックが確認
できます。

第1章

第2章

第3章

第4章

名刺 第5章

第6章

第7章

COLUMN

スタックとは

スタックとは、似たようなテーマのノートブックを束ねて整理できるフォルダーのような機能です。
スタックに含まれるノートブック、またはノートブックに含まれるノートを個別に共有することは
できますが、スタックをそのまま共有することはできません。

スマートフォンで名刺を管理する

スマートフォン版のEightやEvernoteでも、パソコン版と同様に、スキャンした名刺のデータの閲覧や管理が可能です。それぞれ専用のアプリがあるので、事前にインストールとログインを済ませておきましょう。

スマートフォン版Eightで名刺を管理する

❶ Eight のアプリで、「ホーム」タブ上部の 🏷 をタップします。

1人と名刺交換しました

🔍 会社名、氏名で検索　　　🏷

知り合いの近況　　　✏️
0人、1社 をフォロー中　　　投稿する

∞　**運営からのお知らせ**

❷ <マイタグ>をタップし、

スキルタグ	**マイタグ**
＋　マイタグを新規作成	

❸ <マイタグを新規作成>をタップします。

❹ ラベル名を入力し、

← 　新規作成	完了
A社	✕

❺ <完了>をタップします。

❻ 「連絡先」タブをタップし、

橋本祐介
Biziup株式会社
リーダー

🏠　　📇　　📷　　　🏢　　👤
ホーム　連絡先　　　　会社　　自分

❼ タグに登録したい人の名刺情報をタップします。

❽ <タグ>をタップし、

情報	**タグ**	メモ
スキルタグ ❓		＋ 追加
マイタグ ❓		＋ 追加

❾ 「マイタグ」の<追加>をタップします。

❿ 作成したタグをタップし、

タグ名を入力して絞り込み

＋ タグを新規作成

A社　　　　　　　　　　0

第1章　第2章　第3章　第4章　第5章 名刺　第6章　第7章

⓫ <完了>をタップします。

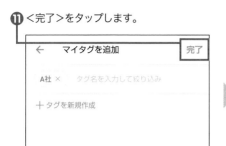

⓬ タグでの分類が完了します。

スマートフォン版Evernoteで名刺を管理する

❶ Evernote のアプリで ≡ をタップし、<ノートブック>をタップします。

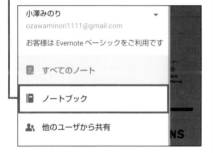

❷ ℞ をタップし、

❸ ノートブック名を入力して、

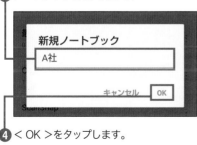

❹ < OK >をタップします。

❺ ノートブックに移動したい名刺情報を長押ししてチェックを付け、

❻ ℞ をタップします。

❼ 移動先のノートブックにチェックを付け、

❽ <移動>をタップすると、ノートブックでの分類が完了します。

第1章

第2章

第3章

第4章

名刺 第5章

第6章

第7章

名刺を効率よく
スキャンする

「名刺・レシートガイド」を取り付けると、名刺、レシート、オフィス用紙の3種類の原稿を同時にセットしてスキャンできます。また、名刺を重ねてセットしてスキャンすることも可能で、ガイドにより傾きが少なくなります。

名刺を効率よくスキャンする

❶ ScanSnap に名刺・レシートガイドを取り付けます。

☑MEMO▶ **名刺・レシートガイドの取り付け方**

名刺・レシートガイドの取り付け方と取り外し方は、「https://www.pfu.fujitsu.com/imaging/downloads/manual/ss_webhelp/jp/help/webhelp/topic/ope_basic_receiptguide.html」を参照してください。

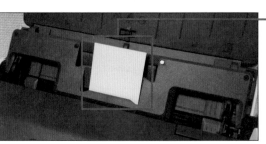

❷ 名刺・レシートガイドに名刺を数枚重ねてセットし、

❸ ＜ Scan ＞ボタンをタッチします。

❹ 名刺がまとめてスキャンされます。

SECTION 079

名刺

名刺データを出力する

名刺のデータは、コンテンツビューの「名刺情報」に表示される項目をCSV、テキスト、vCardなどで出力することが可能です。名刺データをファイルとして出力することで、ほかのアプリケーションと連携して名刺データを活用できます。

名刺データを出力する

❶ コンテンツリストビューから出力したいデータを右クリックし、

❷ <ファイルの出力>→<名刺情報の出力>→< CSV（カンマ区切り）(*.csv) >をクリックします。

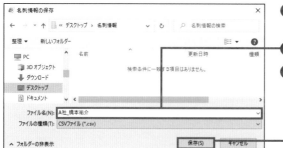

❸ 出力したデータの保存先を選択し、

❹ ファイル名を入力したら、

❺ <保存>をクリックします。

❻ 選択した場所に出力データが保存されます。

080

ビジネス

ビジネス書類を
スキャンして分類する

ビジネス現場では、企画書や見積書、会議の資料など、大量の書類が必要となります。
ScanSnapでこれらの書類をスキャンすれば、収納スペースを節約できてデスクがスッキ
リするだけでなく、書類の整理もしやすくなります。

■ ビジネス書類をスキャンして分類する

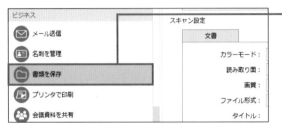

❶ プロファイルの追加画面で
＜書類を保存＞をクリックしま
す。

❷ 任意のプロファイル名を入力
します。

❸ 「読み取り面」の項目で＜片
面＞をクリックし、

☑MEMO▶ **事前設定のポイント**

ビジネス文書の場合、コピー用紙な
どの表面に印刷されていることが多
いので、スキャン時は「読み取り面」
を「片面」に設定しておきましょう。

❹ ＜参照＞をクリックします。

☑MEMO▶ **スキャンデータの保存先と共有**

ここでは、パソコン内にフォルダーを
作成してスキャンデータを保存して
いますが、社内サーバーやクラウド
サービスの共有フォルダーを保存先
にすることで、スキャンデータを社内
で共有することができます（Sec.081
参照）。

第1章
第2章
第3章
第4章
第5章　ビジネス
第6章
第7章

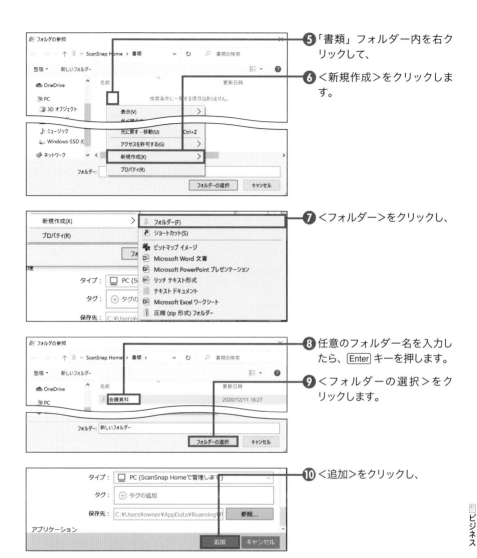

⑤「書類」フォルダー内を右クリックして、

⑥ <新規作成>をクリックします。

⑦ <フォルダー>をクリックし、

⑧ 任意のフォルダー名を入力したら、Enter キーを押します。

⑨ <フォルダーの選択>をクリックします。

⑩ <追加>をクリックし、

⑪ 書類をスキャンします。

⑫ 作成したフォルダー内にスキャンデータが保存されます。

第1章

第2章

第3章

第4章

第5章 ビジネス

第6章

第7章

081

ビジネス

スキャンした書類を
共有する

「会議資料を共有」のプロファイルで、スキャンしたデータの保存先を社内の共有フォルダー
やクラウドサービスに設定しておくことで、スキャン後にすぐにほかの人とビジネス書類を
共有することができます。

スキャンしたビジネス書類を共有する

❶ プロファイルの追加画面で
＜会議資料を共有＞をクリッ
クします。

❷ ここでは「タイプ」を＜クラ
ウド＞に設定します。

❸ 変更の確認画面が表示される
ので、＜はい＞をクリックし
ます。

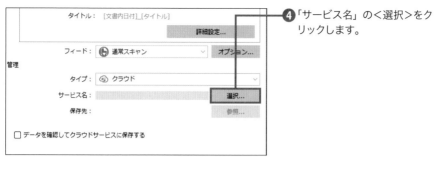

④「サービス名」の<選択>をクリックします。

⑤任意のクラウドサービス（ここでは< Google Drive >）をクリックし、

⑥<選択する>をクリックします。

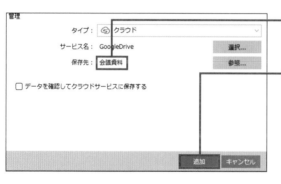

⑦ここでは「保存先」にクラウドサービスの共有フォルダーを設定し、

⑧<追加>をクリックします。

⑨作成したプロファイルでスキャンを行うと、設定した共有フォルダーにデータが保存されます。

第1章

第2章

第3章

第4章

ビジネス 第5章

第6章

第7章

082

ビジネス

スキャンした書類を Officeファイルに変換する

ScanSnap Homeで書類をOfficeファイルに変換するには、「ABBYY FineReader for ScanSnap」という専用のアプリケーションが必要です。ここではABBYY FineReader for ScanSnapのインストール方法と使い方を解説します。

ABBYY FineReader for ScanSnapをインストールする

❶ ScanSnap Home のメイン画面で、＜ヘルプ＞をクリックし、

❷ ＜オンラインアップデート（アップデートの確認）＞をクリックします。

❸「ABBYY FineReader for ScanSnap」にチェックを付け、

❹ ＜インストール＞をクリックします。

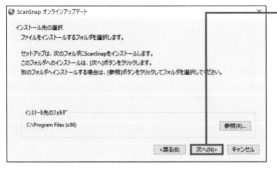

❺ ＜次へ＞をクリックし、インストールを開始します。

❻ インストールが完了したら、＜完了＞をクリックします。

スキャンしたビジネス書類をOfficeファイルに変換する

❶ コンテンツリストビューから Office ファイルに変換したいデータを右クリックし、

❷ ＜アプリケーション連携＞→任 意 の 項 目 (こ こ で は＜ Word 文書に変換＞)をクリックします。

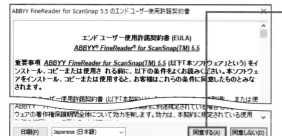

❸ 初回起動時は「エンドユーザー使用許諾契約書」を確認し、＜同意する＞をクリックします。

❹ ソフトウェア改善プログラムに参加について任意の回答をクリックすると、

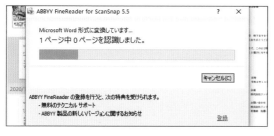

❺ 変換が開始されます。

❻ 手順❷で選択したアプリケーションでデータが表示されます(選択したアプリケーションのインストールが必要)。

第 1 章

第 2 章

第 3 章

第 4 章

第 5 章　ビジネス

第 6 章

第 7 章

083
ビジネス

新聞記事を
効率よくスキャンする

気になる新聞記事は切り抜いて、スキャンしてスクラップしておきましょう。原稿が小さすぎたりスキャナにセットできないような形状をしている場合は、別売りの「A3キャリアシート」（型番：FI-X15ES 5枚セットで4,500円）を使うと効率よくスキャンできます。

新聞記事をスキャンする

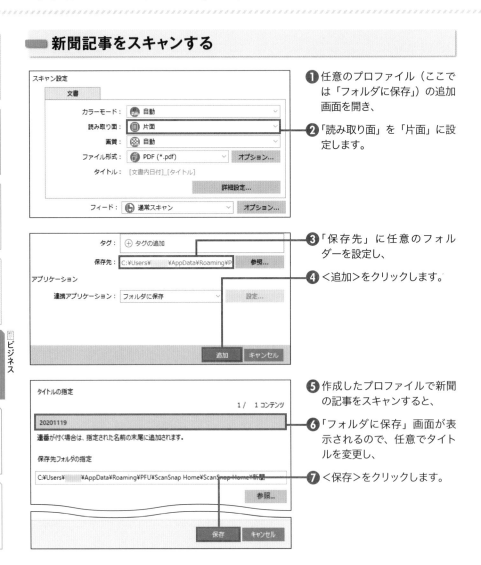

❶ 任意のプロファイル（ここでは「フォルダに保存」）の追加画面を開き、

❷「読み取り面」を「片面」に設定します。

❸「保存先」に任意のフォルダーを設定し、

❹ <追加>をクリックします。

❺ 作成したプロファイルで新聞の記事をスキャンすると、

❻「フォルダに保存」画面が表示されるので、任意でタイトルを変更し、

❼ <保存>をクリックします。

⑧ 保存先に指定した ScanSnap Home のフォルダーにスキャンしたデータが保存されます。

キャリアシートを使用して新聞記事をスキャンする

① A3 キャリアシートにスキャンしたい新聞記事を挟みます。

☑MEMO▶ **A3キャリアシート**

A3 / B4サイズのような大きい原稿や、不定形な原稿を読み取りたい場合はA3キャリアシートがあると便利です。詳しくは、「https://www.pfu.fujitsu.com/direct/scanner/scanner-option/detail_carriersheet2.html」を参照してください。

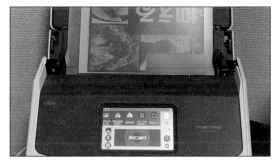

② 給紙カバー（原稿台）にセットし、

③ スキャンを開始します。

④ 新聞記事がスキャンされます。

第1章

第2章

第3章

第4章

第5章 ビジネス

第6章

第7章

大きな原稿を
スキャンする

大きな原稿は、一度にスキャンすることはできません。その場合は、2つ折りにしてスキャンしましょう。原稿の折り目に文字や図表がある場合は、スキャン後に自動で左右または上下のデータが合成されます。なお、この機能はiX1600、1500のみ利用できます。

大きな原稿をスキャンする

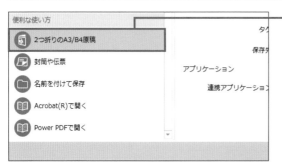

❶ プロファイルの追加画面で＜２つ折りのA3／B4原稿＞をクリックします。

❷ 必要に応じて設定の変更を行い、

❸ ＜追加＞をクリックします。

❹ 原稿を２つ折りにして給紙カバー（原稿台）にセットしたら、

❺ 傾きが出ないよう、サイドガイドを原稿の両端に合わせ、作成したプロファイルを選択して＜ Scan ＞ボタンをタッチします。

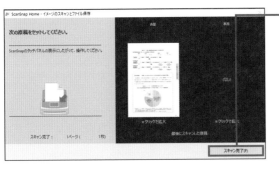

6 「フィード設定」が「手差しスキャン」になっている場合は、<スキャン完了>をクリックします。

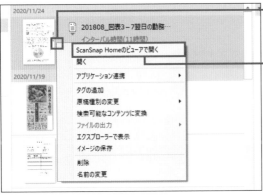

7 コンテンツリストビューからスキャンしたデータを右クリックし、

8 <ScanSnap Homeのビューアで開く>をクリックします。

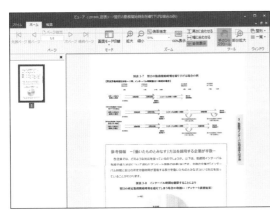

9 スキャンしたデータが自動で合成されているのを確認できます。

☑MEMO▶ **データが合成できなかった場合**

スキャンしたデータが自動的に合成されなかった場合は、Sec.033を参考に、2つのページを結合して見開きページにしましょう。また、別売りの「A3キャリアシート」を使用してスキャンすれば、データを自動的に合成することができます。

第1章

第2章

第3章

第4章

ビジネス 第5章

第6章

第7章

COLUMN

「手差しスキャン」は<Scan>ボタンの長押しでも可能

iX1600、iX1500では、ScanSnap本体の<Scan>ボタンを長押しすると、ボタンの色が青からオレンジに変わり、フィード設定を一時的に「手差しスキャン」にすることができます。スキャンが完了すると、フィード設定はもとの状態に戻ります。

SECTION

085

ビジネス

サイズの違う原稿を
まとめてスキャンする

幅や長さなど、サイズの異なる複数枚の原稿をまとめてスキャンする場合は、原稿の先端
と中央を揃え、給紙カバー（原稿台）の中央に原稿をセットします。原稿がまっすぐスキャ
ンされないこともあるので注意しましょう。

サイズの違う原稿をまとめてスキャンする

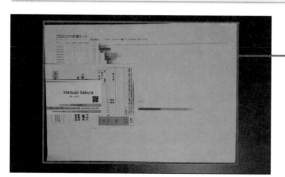

❶ 原稿の先端と中央を揃え、

❷ 給紙カバー（原稿台）の中央
にセットします。

☑MEMO▶ セットのコツ

すべての原稿が給紙カバー（原稿
台）の中央に重なるようにセットしま
す。中央から離れた位置に原稿が
あると、スキャンができません。

❸ スキャンを開始すると、原稿
がまとめてスキャンされ、

❹ すべてのデータが保存されま
す。

086

ビジネス

ScanSnapを
コピー機のように使う

書類をScanSnapでスキャンして、すぐにプリンターで印刷することで、ScanSnapをコピー機のように使用できます。ここでは、書類をスキャンして、スキャンしたデータをプリンターで印刷する方法を解説します。

スキャンしたデータをプリンターで印刷する

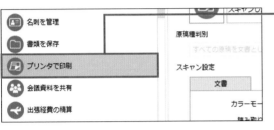

❶ プロファイルの追加画面で＜プリンタで印刷＞をクリックします。

❷ 必要に応じて設定の変更を行い、

❸ ＜追加＞をクリックします。

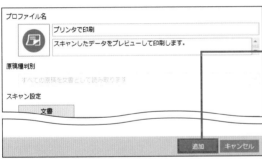

❹ 作成したプロファイルで書類をスキャンすると、「プリンタで印刷」画面が表示されます。

❺ プリンターの種類や部数などを設定し、

❻ ＜印刷＞をクリックすると、スキャンしたデータを印刷できます。

第1章

第2章

第3章

第4章

ビジネス 第5章

第6章

第7章

087

ビジネス

資料作成の下書きにする

手書きで作成した資料のラフを、ScanSnapにスキャンしてデータとして取り込み、画面
上に表示します。その上に要素となる図形などを挿入し、配置していくことで、レイアウト
を正確に再現することが可能です。

アイデアラフを資料作成の下書きにする

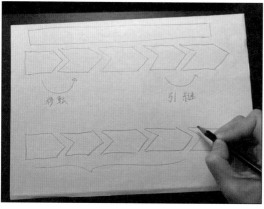

❶ 手書きで資料のアイデアラフ
を作成します。

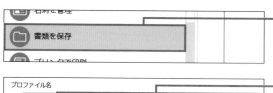

❷ プロファイル追加画面で、
<書類を保存>をクリックし
ます。

❸ 任意のプロファイル名（ここ
では「資料下書き」）を入力
し、

❹「読み取り面」を「片面」に設
定し、

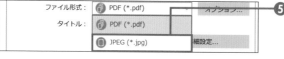

❺「ファイル形式」を「JPEG
(*.jpg)」に設定します。

⑥ <追加>をクリックします。

⑦ 作成したプロファイルでアイデアラフをスキャンすると、ScanSnap Home の「書類」フォルダーに保存されます。

⑧ コンテンツリストビューから保存したいデータを右クリックし、

⑨ <イメージの保存>をクリックすると、「フォルダーの選択」画面が表示されるので、任意の場所をクリックして選択し、保存します。

⑩ PowerPoint を起動してスライドに図として挿入し、図の上で右クリックし、

⑪ <最背面へ移動>をクリックします。

⑫ 手書きのラフをなぞるように、上にオブジェクトを挿入し、レイアウトを再現します。

⑬ 最後に、ラフの図を削除すると完成します。

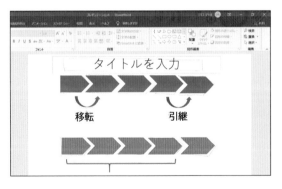

第1章

第2章

第3章

第4章

ビジネス 第5章

第6章

第7章

COLUMN

スライドに貼り付けたときに見づらい場合

手順⑩の画面で、PowerPointのスライドに貼り付けた図が見づらい場合は、明るさやコントラストを調整すると見やすくなります。明るさやコントラストの調整を行うには、図の上で右クリックし、<図の書式設定>→<図>の順にクリックします。「図の修正」の項目の中の「明るさ/コントラスト」を任意の数値に設定すると、調整できます。

088

ビジネス

スキャンしたデータを
すぐにメールで送信する

「メール送信」のプロファイルを利用すると、書類をスキャンしたあとメール送信画面が起動し、スキャンしたデータが添付されます。スキャンしたデータをすぐにメールで送信したいときに便利です。

スキャンしたデータをすぐにメールで送信する

❶ プロファイルの追加または編集画面で<メール送信>をクリックします。

❷ 必要に応じて設定の変更を行い、

❸ 「連携アプリケーション」の<設定>をクリックします。

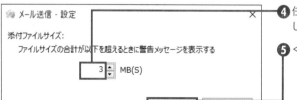

❹ 任意のファイルサイズを入力し、

❺ < OK >をクリックします。

6 <追加>または<保存>をクリックします。

7 作成したプロファイルで書類をスキャンすると、

8 「メール送信」画面が表示されます。

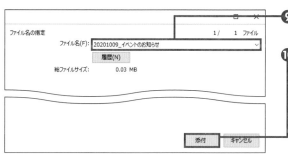

9 必要に応じてファイル名を変更し、

10 <添付>をクリックします。

11 メールソフトが起動し、スキャンしたデータが添付されていることが確認できます。

12 件名や本文を入力し、送信します。

第1章

第2章

第3章

第4章

ビジネス 第5章

第6章

第7章

COLUMN

警告メッセージ

添付するファイルのサイズがP.206手順**3**で設定した数値より大きい場合、警告メッセージが表示されますが、警告メッセージを無視してそのままメールを送信することは可能です。

089

ビジネス

e-文書法に対応した設定で
スキャンする

e-文書法は、これまで紙による原本保存が義務付けられていた公的文書や書類を、電子データとして保存することを容認する法律です。ScanSnapでは、手軽にe-文書法で定められた設定によるスキャンが行えます。

e-文書法とは

「e- 文書法」とは、民間事業者などに対して、これまで紙による原本保存が義務付けられていた見積書や領収書、請求書などを電子化して保存することを認めた法律です。これにより、紙を保存しておく必要がなくなるため、オフィスの省スペース化が図れます。ScanSnap では、e- 文書法に対応した「e- 文書画質で保存」というプロファイルが用意されています。

e- 文書法の主な要件

見読性	パソコンやディスプレイなどを用いて、明瞭な状態で見ることができるように「見読性の確保」が求められています。
安全性	重要な記録には、エビデンスとしての証明力が求められています。とくにスキャナーによる電子化文書は原本ではないので、原本受領からスキャン電子化のプロセス、スキャン品質や電子化文書に改ざんや消去があったか否かを確認できるなど、証明力を確保することが重要です。
検索性	電子化文書を有効に活用するため、必要なデータをすぐに引き出せる「検索性の確保」が求められています。

財務省の省令（電子帳簿保存法）に定められた要件

解像度	200dpi（8ドット／ mm）以上
カラー	24bit カラー（RGB 各色 256 階調）以上
非可逆圧縮での画質規定	JIS X6933 または ISO12653 テストチャートの 4 ポイントの文字が認識できること

厚生労働省の省令に定められた要件

精度	診療等の用途に差し支えない精度

e-文書法に対応した設定でスキャンする

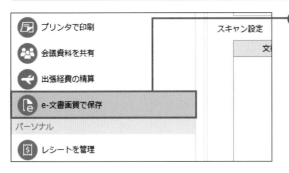

❶ プロファイルの追加画面で＜e-文書画質で保存＞をクリックします。

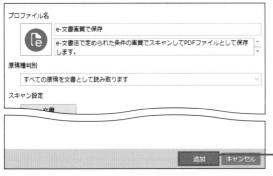

❷ 必要に応じて設定の変更を行い、

❸ ＜追加＞をクリックします。

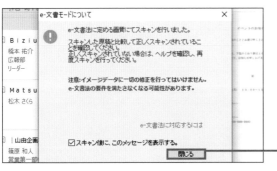

❹ 作成したプロファイルで書類をスキャンし、

❺ e-文書モードについての注意事項が表示されたら、＜閉じる＞をクリックします。

❻ 「e-文書」フォルダーを開くと、スキャンしたデータを確認できます。

第1章

第2章

第3章

第4章

ビジネス 第5章

第6章

第7章

経費の精算を行う

「レシートを管理」のプロファイルを利用することで、レシートや領収書をかんたんにスキャンして管理できます。また、データをCSV形式で出力すれば、経費の精算や日々の出費の管理も行いやすくなります。

レシートや領収書をスキャンする

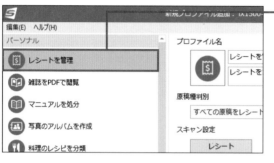

❶ プロファイルの追加または編集画面で＜レシートを管理＞をクリックします。

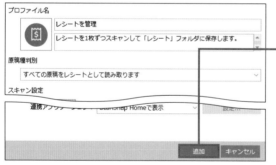

❷ 必要に応じて設定の変更を行い、

❸ ＜追加＞または＜保存＞をクリックします。

❹ 作成したプロファイルでレシートや領収書をスキャンすると、

❺ ScanSnap Home の「レシート」フォルダーにスキャンしたデータが保存されます。

■ レシートや領収書のデータを出力する

① コンテンツリストビューから出力したいデータを右クリックし、

② <ファイルの出力>→<レシート情報の出力>→<CSV（カンマ区切り）（*.csv）>をクリックします。

③ 出力したデータの保存先を選択し、

④ ファイル名を入力したら、

⑤ <保存>をクリックします。

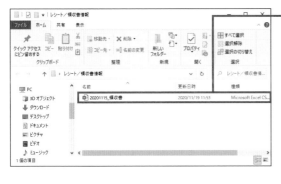

⑥ 選択した場所に出力データが保存されます。

COLUMN

レシートや領収書を出力する際の注意点

レシートデータとして出力されるのは、コンテンツビューの「レシート情報」に表示される項目のみです。なお、出力されたCSV形式のファイルには、レシートのイメージデータは出力されません。レシートのイメージデータを出力したい場合は、手順①の画面で<イメージの保存>をクリックします。

第1章

第2章

第3章

第4章

経費精算 第5章

第6章

第7章

クラウド会計サービスで
確定申告をスムーズにする

ScanSnap Cloudの「レシート」の保存先にクラウド会計サービスを設定しておくと、経費の精算や確定申告がスムーズになります。ここでは、「やよいの白色申告オンライン」（https://www.yayoi-kk.co.jp/products/shiroiro_ol/）を使用して解説します。

クラウド会計サービスでレシートや領収書を管理する

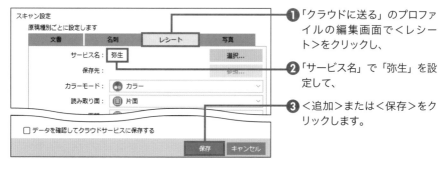

① 「クラウドに送る」のプロファイルの編集画面で＜レシート＞をクリックし、

② 「サービス名」で「弥生」を設定して、

③ ＜追加＞または＜保存＞をクリックします。

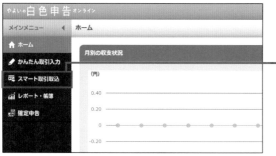

④ 作成したプロファイルでレシートや領収書をスキャンします。

⑤ やよいの白色申告オンラインを開き、画面左のメニューから＜スマート取引取込＞をクリックし、

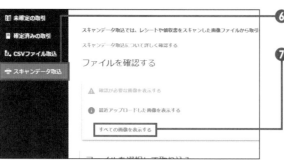

⑥ ＜スキャンデータ取込＞をクリックして、

⑦ ＜すべての画像を表示する＞をクリックします。

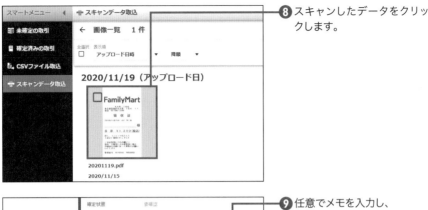

⑧ スキャンしたデータをクリックします。

⑨ 任意でメモを入力し、

⑩ <保存>をクリックします。

⑪ 画面左のメニューから<未確定の取引>をクリックします。

⑫ スキャンしたデータの情報を追加し、

⑬ <表示されているすべての取引を確定する>をクリックすると、スキャンしたデータの取引が確定します。

⑭ 画面左のメニューから<確定申告>をクリックすると、確定申告の流れが表示されます。画面の指示に従って確定申告を行いましょう。

第1章

第2章

第3章

第4章

第5章 経費精算

第6章

第7章

092

ビジネス活用

1台のパソコンで複数の ScanSnapを使用する

ScanSnapは、複数の機種を1台のパソコンで使用できます。追加したScanSnapの中から使用したい機種をScanSnap Homeで切り替えて接続します。ここでは、接続するパソコンにScanSnap Homeがインストールされている前提で解説します。

別のScanSnapの情報を追加する

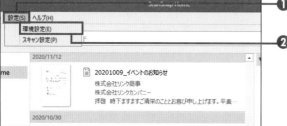

❶ ScanSnap Home で＜設定＞をクリックし、

❷ ＜環境設定＞をクリックします。

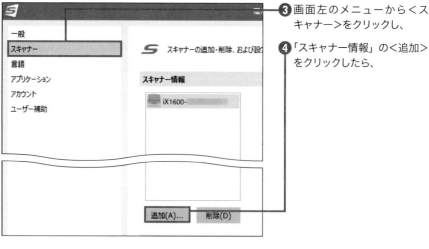

❸ 画面左のメニューから＜スキャナー＞をクリックし、

❹ 「スキャナー情報」の＜追加＞をクリックしたら、

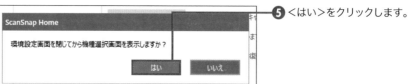

❺ ＜はい＞をクリックします。

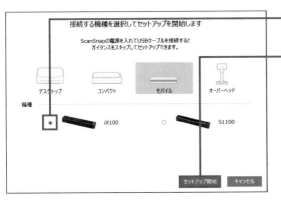

⑥ 追加したい ScanSnap の機種
をクリックし、

⑦ ＜セットアップ開始＞をク
リックして、パソコンと
ScanSnap を接続します。

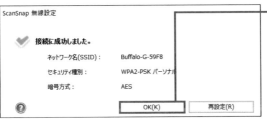

⑧ 画面の指示従って ScanSnap
をネットワークに接続し、
＜ OK ＞をクリックします。

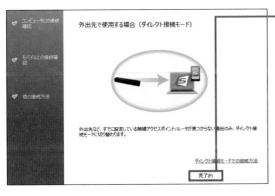

⑨ すべての設定が完了したら、
＜完了＞をクリックします。

⑩ 「使ってみましょう」画面が表
示された場合は、＜閉じる＞
をクリックします。

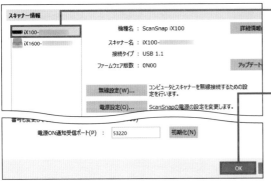

⑪ P.214手順❸の画面を開くと、
「スキャナー情報」に追加した
ScanSnap の情報が表示され
ます。接続したい ScanSnap
の名前をクリックし、

⑫ ＜ OK ＞をクリックします。

第1章

第2章

第3章

第4章

ビジネス活用 第5章

第6章

第7章

093

ビジネス活用

1台のScanSnapを
複数の人で使用する

ScanSnapは、1台の機種を複数のパソコンで同じ無線アクセスポイント（Sec.004参照）に接続して使用することができます。ScanSnapを使用する各メンバーそれぞれが自分のプロファイルを作成すれば、自分好みの設定でスキャンを行えます。

1台のScanSnapを複数の人で使用する

ここでは、接続するパソコンに ScanSnap Home がインストールされているものとして解説をします。パソコンに ScanSnap Home がインストールされていない場合は、Sec.005 を参照してください。

❶ ScanSnap Home のメイン画面で< Scan >をクリックし、

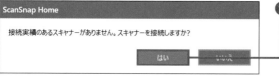

❷ <はい>をクリックします。

❸ < 接 続 す る ScanSnap の 機種（ここでは < iX1500 > ）をクリックし、

❹ <セットアップ開始>をクリックします。

⑤ <USB ケーブルをコンピュータに接続できない場合はこちら…>をクリックし、

⑥ <次へ>をクリックします。

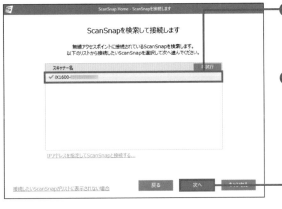

⑦ 無線アクセスポイントに接続されている ScanSnap が表示されるので、クリックして選択し、

⑧ <次へ>をクリックします。

⑨ 「接続完了」画面が表示されたら、<次へ>をクリックします。

⑩ 「ビデオチュートリアル」画面が表示されたら<スキップ>をクリックし、次の画面で<閉じる>をクリックします。

第1章

第2章

第3章

第4章

ビジネス活用 第5章

第6章

第7章

217

■ ユーザーを切り替える

ScanSnap iX1600 では、ユーザーごとにプロファイルを作成して使いわけることができます。
接続するユーザーはタッチパネルからかんたんに切り替えが可能です。

❶ タッチパネル上部の 🔲 をタッチします。

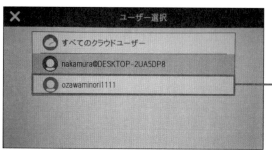

❷ 切り替えたいユーザーをタッチします。

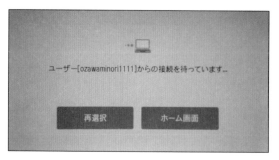

❸ 切り替えが開始されます。

☑MEMO ▶ 切り替えできない場合

選択したユーザーに切り替えできない場合、ScanSnapに接続できていない場合があります。選択したユーザーのScanSnap Homeのスキャン画面で＜スキャナーに接続＞をクリックしましょう。

❹ 切り替えが完了します。

すべてのユーザーのプロファイルを表示する

ScanSnap iX1500 では、すべてのユーザーのプロファイルが１つの画面に表示されていました。iX1600 でも iX1500 同様のプロファイル表示にしたい場合は、本体の「スキャナー設定」から変更が可能です。

❶ P.218 手順❶の画面で🔧を
タッチし、＜スキャナー設定＞をタッチします。

❷ 「プロファイルの表示」の＜選
択中のユーザー＞をタッチし、

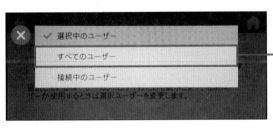

❸ ＜選択中のユーザー＞→＜す
べてのユーザー＞をタッチします。

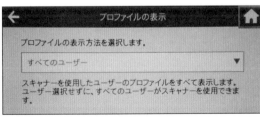

❹ 🏠をタッチします。

❺ すべてのユーザーのプロファ
イルが表示されます。

第1章

第2章

第3章

第4章

第5章 ビジネス活用

第6章

第7章

ScanSnap Homeや
ファームウェアのアップデート

ScanSnap Home のファームウェアやソフトウェアは、安全性や操作性、機能の向上を図るためのための更新プログラムが定期的に提供されます。最新のバージョンが公開された際には、アップデートを行いましょう。なお、ファームウェアは ScanSnap本体からのアップデートも可能です。

ファームウェアのアップデート

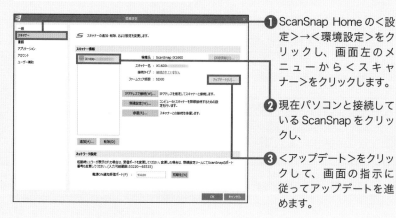

❶ScanSnap Home の＜設定＞→＜環境設定＞をクリックし、画面左のメニューから＜スキャナー>をクリックします。

❷現在パソコンと接続している ScanSnap をクリックし、

❸＜アップデート＞をクリックして、画面の指示に従ってアップデートを進めます。

ソフトウェアのアップデート

❶ScanSnap Home の＜ヘルプ＞→＜オンラインアップデート（アップデートの確認）＞をクリックします。

❷アップデートしたい項目にチェックを付け、

❸＜インストール＞をクリックして、画面の指示に従ってアップデートを進めます。

第 6 章

身近なものをすばやく整理！スキャンデータのプライベート活用

ScanSnapは、身の周りにある書類などの整理にも役立ちます。本章では、プライベート場面におけるさまざまなScanSnap活用方法を紹介します。

案内状やはがきを
スキャンして整理する

はがきなどの郵便物は、溜まってしまうと整理するのが面倒です。ScanSnapでスキャンしておけば整理しやすく、管理もかんたんなんです。返信する際、宛先を調べるのにも役立ちます。年賀状などもまとめてスキャンしておくとよいでしょう。

案内状やはがきをスキャンして整理する

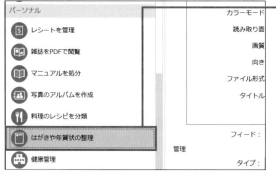

❶ プロファイルの追加画面で
＜はがきや年賀状の整理＞を
クリックします。

❷「読み取り面」の項目が「両面」に設定されているのを確認します。

☑**MEMO▶郵便物をスキャンするときのポイント**

はがきなどの郵便物を管理するときには、はがき1枚を1ファイルとして保存しておくことがポイントです。

❸ データの保存先を変更する場合は、＜参照＞をクリックして設定します。

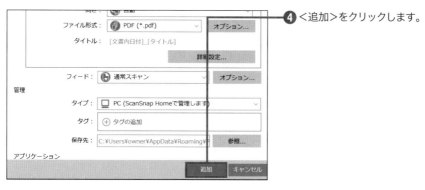

④ <追加>をクリックします。

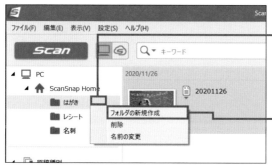

⑤ はがきをスキャンし、

⑥ ScanSnap Home のメイン画面で、スキャンデータが保存されているフォルダー（ここでは「はがき」フォルダー）を右クリックし、

⑦ <フォルダの新規作成>をクリックします。

⑧ 任意のフォルダー名を入力したら、[Enter] キーを押します。

⑨ 作成したフォルダーにデータをドラッグ＆ドロップして移動し、はがきを分類します。

第1章

第2章

第3章

第4章

第5章

プライベート 第6章

第7章

マニュアルや
パンフレットをスキャンする

電気製品のマニュアルや製品カタログ類などは冊子になっている場合が多いです。そのため、スキャンを行う前に冊子を断裁する必要があります。その後は、通常の方法でスキャンをします。

第1章

第2章

第3章

第4章

第5章

第6章 プライベート

第7章

マニュアルやパンフレットをスキャンする

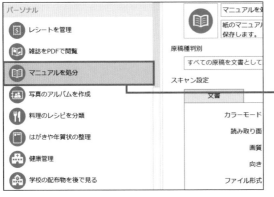

❶ 冊子形式（中綴じなど）のマニュアルやパンフレットの場合は、断裁機などを使って切り離しておきます（Sec.107参照）。

❷ プロファイルの追加画面で＜マニュアルを処分＞をクリックします。

❸ 「読み取り面」の項目が「両面」に設定されているのを確認します。

❹ ＜追加＞をクリックします。

❺ パンフレットをスキャンし、

❻ ScanSnap Home のメイン画面で、スキャンデータが保存されているフォルダー（ここでは「マニュアル」フォルダー）を右クリックし、

❼ ＜フォルダの新規作成＞をクリックします。

❽ 任意のフォルダー名を入力したら、Enter キーを押します。

❾ 作成したフォルダーにデータをドラッグ＆ドロップして移動し、パンフレットを分類します。

第1章

第2章

第3章

第4章

第5章

プライベート 第6章

第7章

COLUMN

ファイル名の変更

スキャンしたデータは、初期設定では「20201127」のように日付によるファイル名が付けられます。ファイル名を変更しておくと、あとから見返すときにわかりやすいです。ファイル名を変更する場合は、手順❻の画面でファイル名をクリックします。自由に入力ができるようになるので、任意のファイル名を入力したら、Enter キーを押します。

cookpad mart
20201127_＼お買いもののはじめかた／
20201127_その日その時しか購入できない特別
20201127_ミリーマート上池袋店にて

SECTION

096

プライベート

手書きのメモを
スキャンして保存する

電話番号や用件を書き留めておく紙のメモは、手軽な反面、紛失のおそれもあります。
ScanSnapでは手書きメモもスキャンしてパソコンに保管しておくことができるので失くす
心配もないうえ、情報整理にも役立ちます。

手書きのメモをスキャンして保存する

メモ用紙が小さすぎたり、あるいはスキャナーにセットできないような特殊な形状のメモ用紙
の場合、別売の「A3 キャリアシート」（型番：FI-X15ES 5 枚セットで 4,500 円）を使うとス
キャンできます。二重になった透明のシートの間にメモ用紙を挟んで、スキャンを行います。

❶「A3 キャリアシート」の間に
　メモ用紙を挟みます。

☑MEMO▶ **A3キャリアシート**

A3 ／ B4サイズのような大きい原稿
や、不定形な原稿を読み取りたい
場合はA3キャリアシートがあると便
利 で す。詳 し く は、「https://
www.pfu.fujitsu.com/direct/
scanner/scanner-option/
detail_carriersheet2.html」を
参照してください。

❷メモ用紙を挟んだキャリア
　シートを ScanSnap にセット
　して、

❸< Scan >ボタンをタッチし
　ます。

第1章
第2章
第3章
第4章
第5章
第6章 プライベート
第7章

④ メモ用紙がスキャンされます。

⑤ ＜保存＞をクリックします。

複数枚の手書きのメモをスキャンして保存する

❶ 「A3 キャリアシート」の間に
複数枚メモ用紙を挟みます。

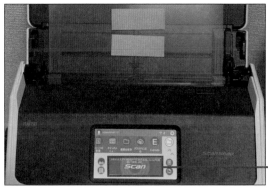

❷ メモ用紙を挟んだキャリア
シートを ScanSnap にセット
して、

❸ ＜ Scan ＞ボタンをタッチし
ます。

④ メモ用紙がスキャンされます。

⑤ ＜保存＞をクリックします。

第1章

第2章

第3章

第4章

第5章

第6章 プライベート

第7章

紙焼き写真をスキャンして
アルバムを作る

昔の思い出を残した紙の写真は、時間が経つと色が褪せたり破けたりし、品質が劣化してしまいます。ScanSnapでスキャンしておけば、思い出を色鮮やかなまま残しておけます。また、メールに添付することも可能です。

紙焼き写真をスキャンしてアルバムを作る

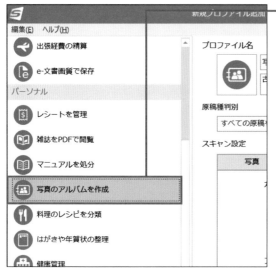

① プロファイルの追加画面で＜写真のアルバムを作成＞をクリックします。

☑MEMO▶ **写真の保存形式**

紙の写真をスキャンする場合は、JPEG形式でスキャンしておいたほうが各種画像ソフトで編集を行うことができるので便利です。

☑MEMO▶ **写真キャリアシート**

大事な写真を傷つけずにスキャンしたいときは「写真キャリアシート」を使うとよいでしょう。詳しくは、Sec.100を参照してください。

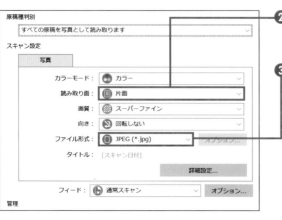

②「読み取り面」の項目が「片面」に設定されているのを確認し、

③「ファイル形式」の項目が「JPEG (*.jpg)」に設定されているのを確認します。

④ <追加>をクリックします。

⑤ 写真をスキャンし、

⑥ ScanSnap Home のメイン画面で、スキャンデータが保存されているフォルダー（ここでは「写真」フォルダー）を右クリックし、

⑦ <フォルダの新規作成>をクリックします。

⑧ 任意のフォルダー名を入力したら、Enter キーを押します。

☑MEMO▶ **ファイル名**

旅行時の写真などをまとめてスキャンするときは、ファイル名もわかりやすいものに統一しておくと、あとで整理するとき楽にできます。

⑨ 作成したフォルダーにデータをドラッグ＆ドロップして移動し、写真を分類します。

第1章

第2章

第3章

第4章

第5章

写真 第6章

第7章

Googleフォトで
写真をクラウドに保存する

ScanSnap Cloudを利用して、Googleフォトなどのクラウド上の写真管理サービスにスキャンした写真をアップロードすることができます。紙の写真をGoogleフォトに登録しておくと、目的のデジタル写真をすぐに探すことができ、便利です。

Googleフォトで写真をクラウドに保存する

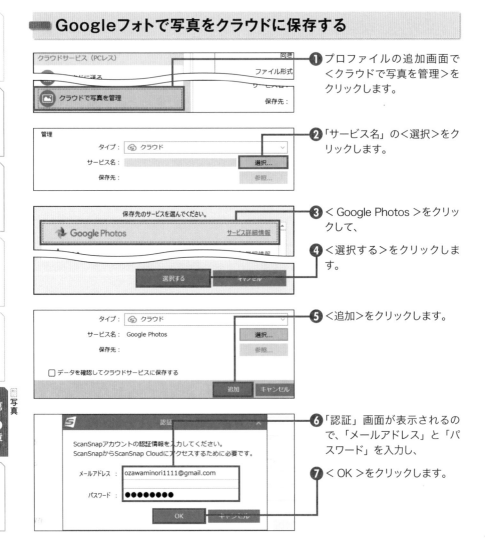

❶ プロファイルの追加画面で<クラウドで写真を管理>をクリックします。

❷ 「サービス名」の<選択>をクリックします。

❸ < Google Photos >をクリックして、

❹ <選択する>をクリックします。

❺ <追加>をクリックします。

❻ 「認証」画面が表示されるので、「メールアドレス」と「パスワード」を入力し、

❼ < OK >をクリックします。

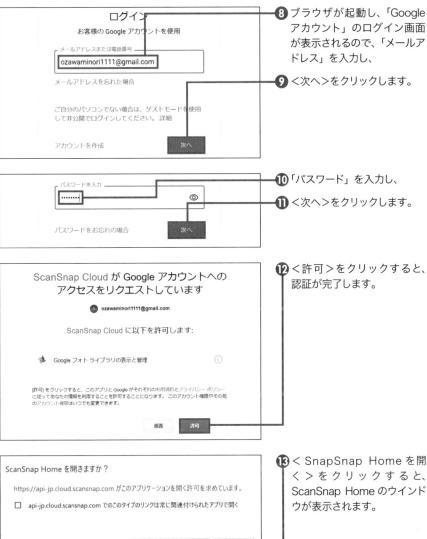

⑧ ブラウザが起動し、「Google アカウント」のログイン画面が表示されるので、「メールアドレス」を入力し、

⑨ <次へ>をクリックします。

⑩ 「パスワード」を入力し、

⑪ <次へ>をクリックします。

⑫ <許可>をクリックすると、認証が完了します。

⑬ < SnapSnap Home を開く > をクリックすると、ScanSnap Home のウインドウが表示されます。

⑭ 写真をスキャンすると、

⑮ 「Googleフォト」へ自動的に写真がアップロードされます。

第1章

第2章

第3章

第4章

第5章

第6章 写真

第7章

SECTION

099

プライベート活用

身近なものをスキャンして
デジタルアルバムにする

身の周りにはさまざまな印刷物や書類があります。一見なんてこともないように思えるもの
でも、とりあえずスキャンしておくと思わぬときに役立つものです。気が付いたら少しずつ
スキャンしておくとよいでしょう。

身近なものをスキャンしてデジタルアルバムにする

さまざまなデータを ScanSnap で保存

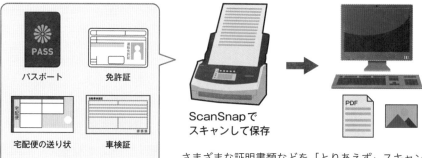

ScanSnapで
スキャンして保存

さまざまな証明書類などを「とりあえず」スキャン
しておけば意外なときに役立ちます。

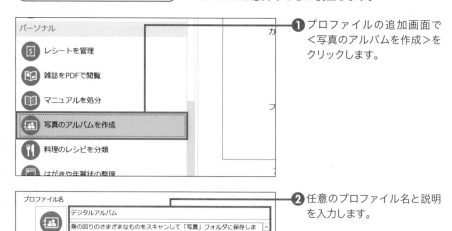

❶ プロファイルの追加画面で
＜写真のアルバムを作成＞を
クリックします。

❷ 任意のプロファイル名と説明
を入力します。

③「読み取り面」の項目で<両面>をクリックし、

☑MEMO▶ 対応機種の確認

ScanSnap iX1600では免許証などに使われるプラスチックカードも読み取りが可能ですが、機種によっては対応していないものもあるので事前に確認しましょう。

④<追加>をクリックします。

⑤ 免許証をスキャンし、

⑥ ScanSnap Home のメイン画面で、スキャンデータが保存されているフォルダー（ここでは「写真」フォルダー）を右クリックし、

⑦<フォルダの新規作成>をクリックします。

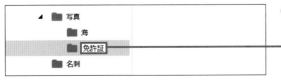

⑧ 任意のフォルダー名を入力したら、Enter キーを押します。

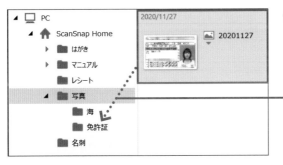

⑨ 作成したフォルダーにデータをドラッグ＆ドロップして移動し、免許証を分類します。

第1章

第2章

第3章

第4章

第5章

第6章 プライベート活用

第7章

100
プライベート活用

大事な写真や絵を傷付けずに スキャンする

ScanSnap iX1600には、写真や絵などを傷付けずにスキャンするための「写真キャリアシート」（型番：FI-X15CP 3枚セットで 1,500円）が用意されています。写真キャリアシートは別途購入する必要があるため、事前にインターネットで注文しておくとよいでしょう。

大事な写真や絵を傷付けずにスキャンする

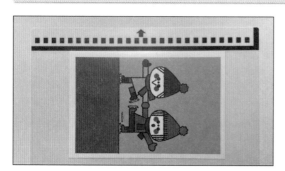

❶ 「写真キャリアシート」の間に写真や絵を挟み込みます。

❷ 写真や絵を挟んだ写真キャリアシートを ScanSnap にセットして、

❸ < Scan >ボタンをタッチします。

☑MEMO▶ 写真キャリアシート

写真キャリアシートは写真のほか、人からもらったはがきや名刺など傷を付けたくない原稿を読み取るときにも便利です。詳しくは、「https://www.pfu.fujitsu.com/direct/scanner/scanner-option/detail_photocarrier sheet.html」を参照してください。

❹ 写真や絵がスキャンされます。

第1章
第2章
第3章
第4章
第5章
第7章

234

SECTION 101

プライベート活用

ルーズリーフの穴が
目立たないようにスキャンする

ルーズリーフの紙をデータ化するとき、そのままスキャンしてしまうとルーズリーフの穴が映り込んでスキャンされてしまいます。A3キャリアシート（Sec.096参照）を使うと、穴を目立たせずにスキャンすることができるのでその方法を紹介します。

ルーズリーフの穴が目立たないようにスキャンする

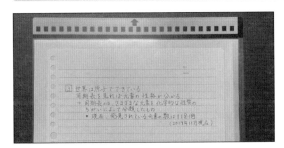

❶ A3キャリアシートの間にルーズリーフと白い紙を挟み込みます。

❷ ルーズリーフを挟んだA3キャリアシートをScanSnapにセットして、

❸ < Scan >ボタンをタッチします。

☑MEMO▶ 穴の部分を断裁してスキャン

ScanSnapでルーズリーフの穴を目立たないようにスキャンするには、穴の部分を断裁機で切り落として、スキャンするのもよいでしょう。

❹ ルーズリーフの穴が目立たないようにスキャンされます。

フォルダに保存

タイトルの指定

20201204

連番が付く場合は、指定された名前の末尾に追加されます。

保存先フォルダの指定

C:¥Users¥owner¥AppData¥Roaming¥PFU¥ScanSnap H

第1章
第2章
第3章
第4章
第5章
第6章 プライベート活用
第7章

235

学校の配布物を
スキャンして整理する

学校の配布物などをスキャンし、ファイル名を付けてPDFファイルとして保存することができます。用紙1枚ごとに自動的にファイル名が付くので、あとから配布物を確認したいときにかんたんにファイルを探すことが可能です。

学校の配布物をスキャンして整理する

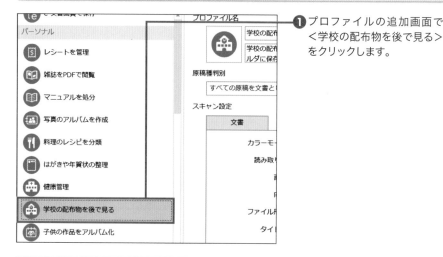

❶ プロファイルの追加画面で
＜学校の配布物を後で見る＞
をクリックします。

❷ 「ファイル形式」の項目が
「PDF（*.pdf）」に設定されて
いるのを確認し、

❸ ＜追加＞をクリックします。

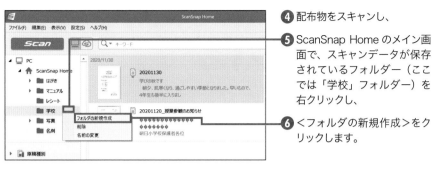

④ 配布物をスキャンし、

⑤ ScanSnap Home のメイン画面で、スキャンデータが保存されているフォルダー（ここでは「学校」フォルダー）を右クリックし、

⑥ ＜フォルダの新規作成＞をクリックします。

⑦ 任意のフォルダー名を入力したら、[Enter] キーを押します。

第1章

第2章

⑧ 作成したフォルダーにデータをドラッグ＆ドロップして移動し、配布物を分類します。

第3章

第4章

第5章

⑨ ファイル名を変更したい場合、手順⑧の画面で、任意のファイル名をクリックします。

第6章 プライベート活用

⑩ 任意のファイル名を入力したら、[Enter] キーを押します。

第7章

103

プライベート活用

気に入った服のタグを
スキャンする

服に付いているタグには、その服に使われている素材や洗濯などの手入れの仕方が書かれています。ScanSnapで気に入った服のタグをスキャンしておくと、タグの原本は処分できるうえ、データとしてあとから見返すことができ、便利です。

気に入った服のタグをスキャンする

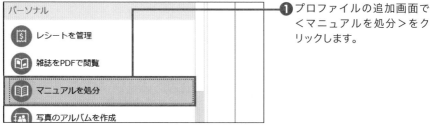

❶ プロファイルの追加画面で
＜マニュアルを処分＞をク
リックします。

❷ 「ファイル形式」の項目が
「PDF（*.pdf）」に設定されて
いるのを確認し、

❸ ＜追加＞をクリックします。

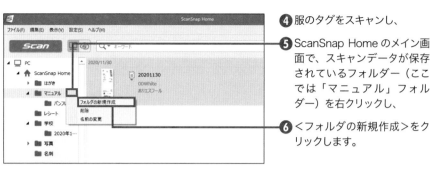

④ 服のタグをスキャンし、

⑤ ScanSnap Home のメイン画面で、スキャンデータが保存されているフォルダー（ここでは「マニュアル」フォルダー）を右クリックし、

⑥ <フォルダの新規作成>をクリックします。

⑦ 任意のフォルダー名を入力したら、Enter キーを押します。

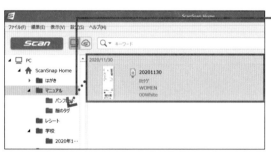

⑧ 作成したフォルダーにデータをドラッグ＆ドロップして移動し、タグを分類します。

⑨ ファイル名を変更したい場合、手順⑧の画面で任意のファイル名をクリックし、

⑩ 任意のファイル名を入力したら、Enter キーを押します。

第1章

第2章

第3章

第4章

第5章

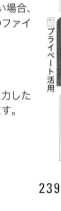第6章 プライベート活用

第7章

病院で発行された書類や
お薬情報を保存する

病院で発行された書類や、処方箋の情報などをスキャンして、PDFファイルとして保存することができます。どのような医療を受けたか、また処方された薬の種類は何かなど、まとめて管理することが可能です。

病院で発行された書類を保存する

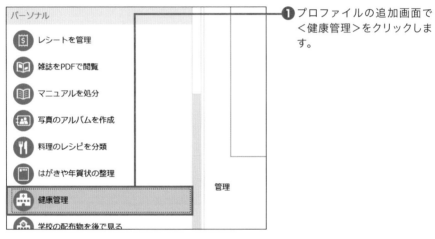

① プロファイルの追加画面で＜健康管理＞をクリックします。

② 「ファイル形式」の項目が「PDF（*.pdf）」に設定されているのを確認し、

❸ <追加>をクリックします。

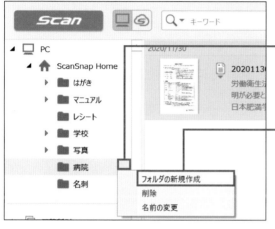

❹ 病院で発行された書類をスキャンし、

❺ ScanSnap Home のメイン画面で、スキャンデータが保存されているフォルダー（ここでは「病院」フォルダー）を右クリックし、

❻ <フォルダの新規作成>をクリックします。

❼ 任意のフォルダー名を入力したら、Enter キーを押します。

❽ 作成したフォルダーにデータをドラッグ＆ドロップして移動し、病院で発行された書類を分類します。

第1章

第2章

第3章

第4章

第5章

第6章 プライベート活用

第7章

レシートをスキャンして
家計簿に自動記録する

無駄な出費を極力抑えるためにも、日々の記録は欠かせません。ScanSnap iX1600では一度に複数枚のレシートをスキャンできるうえ、家計簿アプリと連携しておくと、データがそのままアプリに送られるのでかんたんに家計簿が完成します。

■■ レシートをスキャンして家計簿に自動記録する

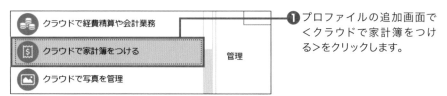

❶ プロファイルの追加画面で<クラウドで家計簿をつける>をクリックします。

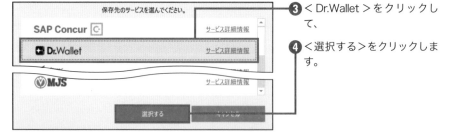

❷ 「サービス名」の<選択>をクリックします。

❸ < Dr.Wallet >をクリックして、

❹ <選択する>をクリックします。

❺ ブラウザが起動し、「Dr. Wallet」のログイン画面が表示されるので、「メールアドレス」と「パスワード」を入力し、

❻ <ログイン>をクリックします。

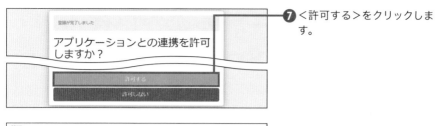

7 <許可する>をクリックします。

8 <追加>をクリックします。

9 「認証」画面が表示されるので「メールアドレス」と「パスワード」を入力し、

10 < OK >をクリックします。

11 「レシートを Dr.Wallet に連携する」アイコンが作成されるので、タッチして、

12 家計簿に付けたいレシートをセットし、< Scan >ボタンをタッチします。

☑MEMO▶「Dr.Wallet」との連携

「Dr.Wallet」とは、撮ったレシートをオペレーターが目視のうえ手入力でデータ化してくれる全自動の無料家計簿アプリです。初回利用時には無料登録が必要です。App Store、Google Playストアからそれぞれダウンロードできます。また、Webブラウザからも利用可能です。

13 スキャンされたレシートのデータは「ScanSnap Cloud」と「Dr.Wallet」の両方に保存されます。

第1章

第2章

第3章

第4章

第5章

プライベート活用 第6章

第7章

インターネットのない環境で ScanSnap Homeを使う

ScanSnap Homeオフラインインストーラーをダウンロードすると、インターネット環境の ないパソコンでもScanSnap Homeを利用することが可能です。パソコンの環境によっては、 インストーラー起動後、インストール画面の表示まで2分ほど時間がかかることもあります。

オフラインインストーラーをダウンロードする

❶ パソコンの Web ブラウザで 「http://scansnap.fujitsu. com/jp/dl/index-off.html」 にアクセスし、

❷ 機種（ここでは「ScanSnap iX1500」）をクリックし、選 択します。

❸ OS をクリックして選択し、

❹ ＜ソフトウェア一覧を表示す る＞をクリックします。

❺ ＜ダウンロード＞をクリックし ます。

❻ ＜ WinSSHOfflineInstaller _1_9_1.exe ＞をクリックしま す。

⑦ ▲をクリックします。

⑧ <開く>をクリックします。

⑨ 「ScanSnap Home Setup」画面が表示されるので、画面の指示に従って操作するとネットワーク環境のないパソコンへ ScanSnap Home をインストールできます。

第1章

第2章

第3章

第4章

第5章

第6章 プライベート活用

第7章

COLUMN

ネットワーク環境のないパソコンへコピーするには

オフラインインストーラーのダウンロードにはインターネットに繋がるパソコンが必要ですが、ダウンロードさえしてしまえばインターネットのない環境のパソコンでも ScanSnap Home を利用することができるようになります。P.244手順❶～❻のやり方でダウンロードしたプログラムファイルは通常、パソコン内の「ダウンロード」フォルダに保存されています。これをUSBメモリーなどにコピーして、ネットワーク環境のないパソコンへインストールすることで利用可能になります。

SECTION

107

自炊

雑誌や書籍を断裁して
スキャンする

最近ではKindleやiPadなど、電子書籍の閲覧に適した環境が充実しています。それに合わせて、雑誌や書籍などを自分でスキャンして電子書籍化する人も増えています。ここでは、そのスキャンの手順や断裁機の種類、断裁のコツなどを紹介します。

スキャンの手順

雑誌や書籍を自分でスキャンする場合、その本の形のままだとSV600以外のScanSnapではスキャンを行うことができません。そこで、一度本の製本部を切り離して、ページ1枚1枚の形状にしてからスキャンを行います。

スキャンまでの流れ

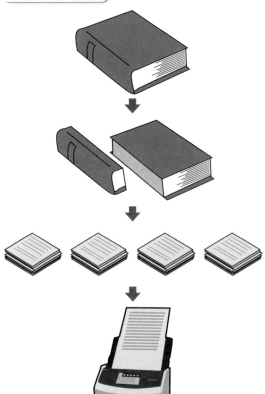

STEP 1
スキャンする本を用意します。

STEP 2
断裁機で本の綴じ部分を切り落とします。

☑MEMO▶「自炊」する

書籍を「断裁→スキャン」してデジタルデータ化することを通称「自炊」するといいます。

STEP 3
ScanSnapで読み込めるようにページを1枚1枚バラバラの状態にします。

STEP 4
ScanSnapを使ってデジタルデータ化します。

第1章

第2章

第3章

第4章

第5章

第6章 自炊

第7章

断裁機の種類とコツ

雑誌や書籍の断裁を日常的に行う場合、断裁機が手元にあるととても便利です。ページ数が10ページ程度の薄いものであればカッターでも事足りますが、力加減が難しく、少しの弾みでページが曲がってしまうことも少なくなく、厚い本の処理には不向きです。そのため、断裁機があると、自分で本などを断裁したいときに役立ちます。ただし、断裁機は設置・保管スペースを必要とします。また大量の書籍を断裁する場合、1人では手間がかかります。そういうときは、業者のサービスを利用するのも手です。たとえば、キンコーズ（http://www.kinkos.co.jp/）では、厚さ1cmまでの本の断裁を1冊200円で行っています。

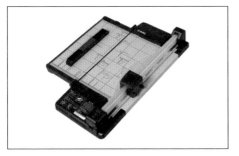

薄い本であれば、小型の断裁機やカッターでも断裁することは可能です。写真はカール事務機のディスクカッター「DC-F5100」（本体価格19,000円）。一度に切ることができる紙の枚数は約4.5mm厚の用紙で50枚（2.5往復で50枚断裁の目安）です（http://www.carl.co.jp）。なお、ディスクカッターの刃は消耗品なので、定期的に交換する必要があります。

本格的に断裁する場合は、大型の断裁機を導入しましょう。写真はデューロデックスの「200DX」（本体価格36,000円）。ハンドルを畳んで縦置き収納も可能な製品です。18mmまでの書籍を一気に断裁できます。購入の場合はAmazonなどの通販サイトや輸入販売店（http://www.durodex.com/）の利用をおすすめします。

コンパクトながら高機能な断裁機も発売されています。写真はプラスの「PK-213」（販売価格24,815円）。てこの原理を応用した「パワーアシストメカニズム」のおかげで、軽い力で断裁を行うことができます。小型なうえに、軽量なので家庭で断裁機を使用したい場面に最適です（https://bungu.plus.co.jp/）。

☑MEMO▶ 著作権の対象

雑誌や書籍、新聞等の著作物は、個人的または家庭内、その他これらに準ずる限られた範囲内で使用することを目的とする場合を除き、権利者に無断でスキャンすることは法律で禁じられています。スキャンして取り込んだデータは、私的使用の範囲で使用しましょう。

断裁のコツ

断裁機の準備が整えば、あとはスキャン用に目当ての書籍や雑誌を断裁していくだけです。しかし、意外とかんたんだと思っていても、注意するポイントを押さえておかなければ断裁に失敗してしまいます。そこで、ここでは、断裁するときのコツを紹介します。

断裁前は何か挟まっていないか確認

書籍などには注文カードやアンケート・定期購読はがき、付属 Disc をはじめ、自分が使っていたしおりなどが挟まってあることがあります。断裁前には、ページの間に何も挟まっていないか確認しましょう。

基本的に表紙カバーは断裁しない

表紙カバーは断裁してもよいですが、断裁せずにそのままスキャンする方法もあります。ハードカバーの本の場合は、表紙と背表紙をカッターなどで切り取ることになりますが、表紙カバーをスキャンすることで、この手間を省くことができます。

接着面ギリギリで断裁しない

マニュアルや薄い本であれば大型の断裁機でそのまま背表紙を落とすことができます。その際、接着部分や綴じている金具を断裁してしまわないように気を付けましょう。目安としては 0.5cm ～ 1.0cm くらいで断裁するとよいでしょう。

断裁後しっかり断裁されているか確認

接着部分を断裁したとき、のり付け部分や金具がしっかり切り落とされているかパラパラめくって確認しましょう。のり付け部分や金具が残っていると、スキャナーの中で紙がくっついてしまい、重送エラーの原因になります。

第1章

第2章

第3章

第4章

第5章

第6章 自炊

第7章

平綴じの書籍を断裁・中綴じの書籍を断裁

本には大きく分けて「平綴じ」と「中綴じ」があります。平綴じ本の場合と中綴じ本の場合では、断裁の仕方が異なるので確認しておきましょう。

平綴じの書籍の場合

平綴じ本は、製本用ののりを使い、背表紙にのり付けすることで製本しているものが一般的です。ScanSnap でスキャンするためには背表紙部分を取り外して、ページをバラバラにする必要があります。

▲薄い平綴じ本は大きめの断裁機にかければそのまま断裁できます。

▲厚い本の場合は、アイロン(またはホットプレートなど)で背表紙を熱し、のりを溶かすと分解しやすくなります。

☑MEMO▶ **平綴じと無線綴じ**

平綴じは正確には、本を2〜3カ所針金で綴じ、背の部分をのり付けしたものを指しています。針金を使わず、のりで紙を綴じる方式は「無線綴じ」と呼ばれ、平綴じの一種とされます。現在は無線綴じが大部分を占めており、本書ではわかりやすさを考慮し、「平綴じ」と表記しています。

中綴じ書籍の場合

中綴じ本は、週刊誌や取扱い説明書など、紙を開いた状態のまま重ね、中央部分を針金で止めて製本したものです。薄めの本でよく見られる製本形態で、中綴じ本の場合は、針金を外してから分解します。

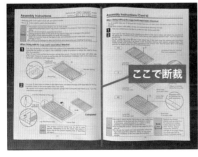

▲厚めの本は中央部の針金を外して、小分けにしてから断裁します。

▲余白が広く薄い本であれば、背表紙を断裁しても OK です。

第1章
第2章
第3章
第4章
第5章
自炊 第6章
第7章

断裁した雑誌や
書籍をスキャンする

実際に断裁し、スキャンした書籍のデータを整理してみましょう。一度に全ページスキャンできない場合は、「フィード」を「継続スキャン」に設定します。なお、スキャンした雑誌や書籍、新聞等のデータは私的使用範囲内での使用に留めましょう。

断裁した雑誌や書籍のデータを整理する

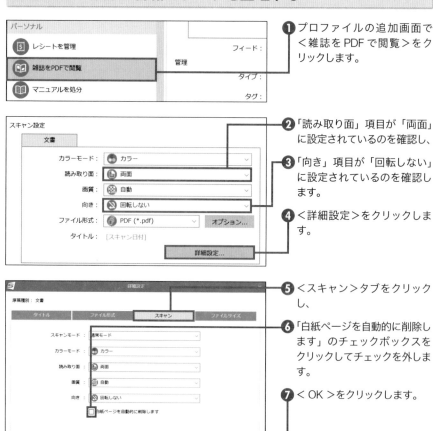

❶ プロファイルの追加画面で＜雑誌を PDF で閲覧＞をクリックします。

❷「読み取り面」項目が「両面」に設定されているのを確認し、

❸「向き」項目が「回転しない」に設定されているのを確認します。

❹＜詳細設定＞をクリックします。

❺＜スキャン＞タブをクリックし、

❻「白紙ページを自動的に削除します」のチェックボックスをクリックしてチェックを外します。

❼＜ OK ＞をクリックします。

⑧「フィード」項目を「継続ス
キャン」に設定します。

☑**MEMO▶「フィード」**

「フィード」では、原稿をスキャンす
るときの給紙方法を選択することが
できます。横にある<オプション>を
クリックすると、給紙に関する項目を、
より詳細に設定できます。

⑨<追加>をクリックします。

⑩断裁した雑誌をスキャンして、

⑪<スキャン完了>をクリック
します。

⑫ScanSnap Home のメイン画
面で、スキャンデータが保存
されているフォルダー（ここ
では「雑誌」フォルダー）を
右クリックし、

⑬<フォルダの新規作成>をク
リックします。

⑭任意のフォルダー名を入力し
たら、Enter キーを押します。

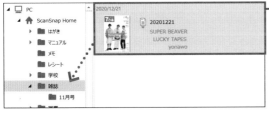

⑮作成したフォルダーにデータ
をドラッグ＆ドロップして移
動し、雑誌データを分類しま
す。

第1章

第2章

第3章

第4章

第5章

自炊 第6章

第7章

ScanSnapの
調子が悪い場合

ScanSnap の調子が悪い場合は、再起動を行ったりメンテナンスしたりする必要があるかもしれません。まずは「ScanSnap の電源が入っているか」「本体の< Scan >ボタンを押しているか」「スキャナーとパソコンが接続できているか」を確認したあとに、再起動を試してみましょう。

また、メンテナンスについては ScanSnap 本体の清掃や消耗品の補充などが挙げられます。ScanSnap 内部のガラス汚れ、消耗品の交換時についてはタッチパネルから確認できるようになっていて、通知も届きます。ローラーのクリーニングもタッチパネルから行うことが可能です。

メンテナンスをする

❶タッチパネルのホーム画面で⚙をタッチします。

❷<メンテナンス>をタッチします。

❸任意のメンテナンスメニューをタッチして選択します。

第 **7** 章

パソコンなしでも使える！
スキャンデータの
モバイル活用

ScanSnapは、パソコンだけでなくスマートフォンやタブレットとも連携して使うことができます。Wi-Fiを経由して、スキャンデータを直接保存・閲覧が可能です。

スマートフォンやタブレットに
直接スキャンデータを送る

無線LAN機能のあるScanSnapでは、クラウドを経由せずに直接、スマートフォンやタブレットにスキャンデータを送ることができます。その際は、アクセスポイント接続とダイレクト接続という2種類の接続方法を選ぶことができます。

アクセスポイント接続とダイレクト接続

アクセスポイント接続とは Sec.004 で設定したように、Wi-Fi 環境がある場所で、アクセスポイントを経由してスマートフォンやタブレットと接続する方法です。ダイレクト接続は、外出先などのアクセスポイントがない場所で直接スマートフォンやタブレットと接続する機能です。なお、これらの機能を利用するには、「ScanSnap Connect Application」アプリをインストールする必要があります。そのインストール方法については、次ページを参考に行ってください。
そのほかに、ScanSnap Cloud を利用してスキャンデータを送る方法もあります。詳しくは、Sec.114 ～ 120 を参照してください。なお、iX1400 では ScanSnap Connect Application は利用できません。

アクセスポイント接続

Wi-Fi　　　　　　Wi-Fi

無線ルーター　　　　タブレット・スマートフォン

▲アクセスポイント接続では、無線ルーターを介してスマートフォンやタブレットと接続します。デフォルトの設定ではこちらが有効になっています。

ダイレクト接続

Wi-Fi

タブレット・スマートフォン

▲ダイレクト接続では、無線ルーターを介さずに直接スマートフォンやタブレットと接続します。Wi-Fi 環境がない場所で使用すると便利です。

第1章　第2章　第3章　第4章　第5章　第6章　第7章　モバイル接続

ScanSnap Connect Applicationをインストールする

1 スマートフォンの「Play ストア」(iPhone / iPadの場合は「App Store」)の検索欄で「scansnap」と入力し、

2 < ScanSnap Connect Application > をタップします。

3 <インストール>(iPhone / iPad の場合は<入手>→<インストール>)をタップします。

4 <開く>をタップします。

5 アクセスの確認画面(iPhone / iPad の場合は通知の許可画面)を確認したら、<許可>をタップします。

6 「ご使用条件」を確認したら、<同意する>をタップします。

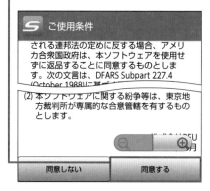

7 使用する ScanSnap(ここでは< iX1500 iX1600 >)をタップします。

8 「ScanSnap Connect Application」のメイン画面が表示されます。

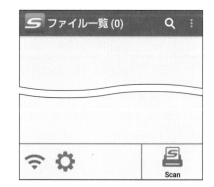

第1章

第2章

第3章

第4章

第5章

第6章

モバイル接続 第7章

110

モバイル接続

アクセスポイント接続で
スキャンデータを送る

ScanSnap Connect Applicationは、ScanSnapで読み取ったスキャンデータを、パソコンから直接スマートフォンやタブレットに送ることができます。ここでは、アクセスポイント接続でデータを送る方法を解説します。

アクセスポイント接続でスキャンデータを送る

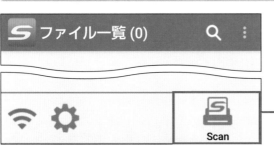

❶ ホーム画面で＜ ScanSnap ＞をタップし、画面右下の＜ Scan ＞をタップします。

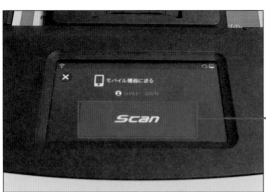

❷ P.043 を参考に、書類をセットして＜ Scan ＞ボタンをタッチします。

❸ 保存されたスキャンデータは、ファイル一覧画面から確認することができます。

111

モバイル接続

ダイレクト接続で
スキャンデータを送る

Wi-Fi環境がなかったり不調だったりする場合は、アクセスポイント接続からダイレクト接続に切り替えてデータを送ることができます。まずは、ScanSnapのタッチパネル上で設定を変更しましょう。

ダイレクト接続でスキャンデータを送る

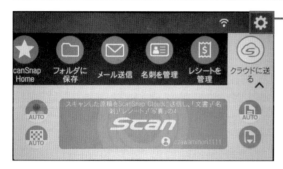

❶ タッチパネルのホーム画面で🔧をタッチします。

❷ < Wi-Fi 設定>をタッチします。

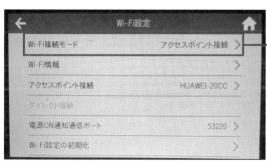

❸ < Wi-Fi 接続モード>をタッチします。

第1章

第2章

第3章

第4章

第5章

第6章

第7章 モバイル接続

257

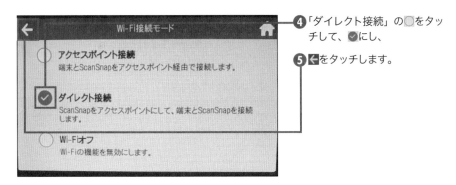

④「ダイレクト接続」の⚪をタッチして、✓にし、

⑤ ⬅をタッチします。

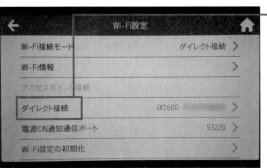

⑥ <ダイレクト接続>をタッチします。

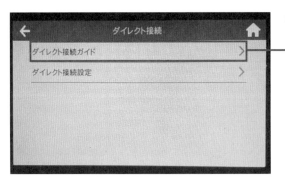

⑦ <ダイレクト接続ガイド>をタッチします。

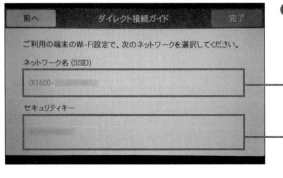

⑧ ダイレクト接続ガイド画面で、ネットワーク名とセキュリティキーを確認したら、

第1章

第2章

第3章

第4章

第5章

第6章

第7章 モバイル接続

9 スマートフォンまたは iPhone ／ iPad のホーム画面で＜設定＞をタップします。

10 ＜ネットワークとインターネット＞（iPhone ／ iPad の場合は＜Wi－Fi＞）をタップします。

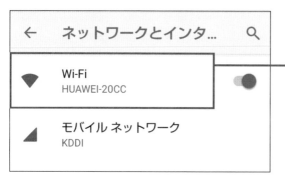

11 ＜Wi-Fi＞をタップします。

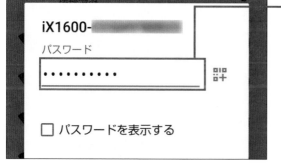

12 手順**8**で確認したネットワーク名をタップして、手順**8**で確認したセキュリティキー（ここでは「パスワード」）をタップすると、ダイレクト接続が完了します。その後のスキャンデータの送り方は、Sec.110 を参考に行ってください。

第 1 章

第 2 章

第 3 章

第 4 章

第 5 章

第 6 章

モバイル接続 第 7 章

スマートフォンやタブレットで
スキャンデータを閲覧する

ScanSnap Connect Applicationは、ScanSnapで読み取ったスキャンデータを閲覧できます。また、外部アプリケーションで閲覧する方法のほか、ファイル名の変更や編集方法についても紹介していきます。

スキャンデータを閲覧する

❶ ファイル一覧画面で閲覧したいファイルをタップします。

❷ スキャンデータを閲覧することができます。

❸ 外部アプリケーションで閲覧したい場合は、手順❷の画面で🔼をタップします。

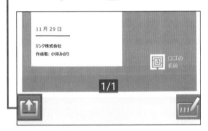

❹ ＜開く＞（iPhone ／ iPad では＜次の方法で開く＞）をタップし、

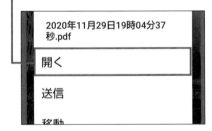

❺ ＜許可＞をタップします。

第1章
第2章
第3章
第4章
第5章
第6章
第7章
モバイル接続

⑥ 任意のアプリ名（ここでは＜ OneDrive PDF Viewer ＞）をタップします。

⑦ 選択した外部アプリケーションでスキャンデータを閲覧できます。

スキャンデータを編集する

① P.260 手順②の画面で　　をタップします。

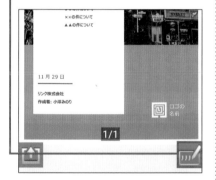

② ＜編集＞をタップします。iPhone ／ iPad ではファイル名の変更のみ行えます。

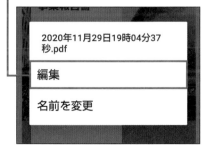

③ 　　をタップするとファイルを左方向に 90 度、　　をタップすると右方向に 90 度回転させることができます。

第1章

第2章

第3章

第4章

第5章

第6章

第7章 モバイル接続

ScanSnap Connect Application の読み取り設定を変更する

ScanSnap Connect Applicationでも、給紙モードや裏写りの軽減、ファイルの圧縮率といった細かい設定が変更可能です。スキャンデータの種類に合わせてより閲覧しやすい形に設定しましょう。

スキャンデータの読み取り設定を変更する

❶ メイン画面で✿をタップします。

❷ ＜読み取り設定＞をタップします。

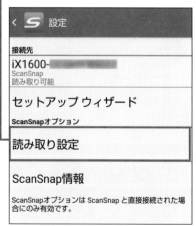

❸ 読み取り設定を変更したい項目（ここでは＜給紙モード＞）をタップします。

❹ 変更したい給紙モード（ここでは＜手差しスキャン＞）をタップします。

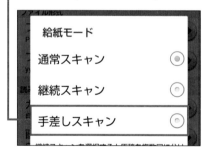

☑MEMO▶ 手差しスキャンについて

手順❹で選択した＜手差しスキャン＞は、iX1600、1500専用の機能です。2つ折りの原稿や封筒、複写帳票などが読み取り可能になります。

5 < OK >をタップします。

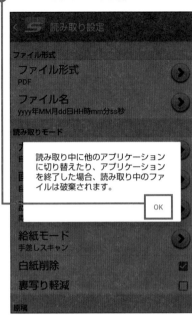

6 設定の変更が反映されます。

第1章

第2章

第3章

第4章

第5章

第6章

COLUMN

そのほかの読み取り設定

ScanSnap Connect Applicationの読み取り設定では、給紙モードのほかにもさまざまな設定を変更することができます。
<裏写り軽減>をタップすると、データに原稿の裏面の文字や絵が透けてしまう「裏写り」を軽減できます。
<圧縮率>をタップすると、1～5のあいだでデータの圧縮率を変更できます。数字が小さければ小さいほど圧縮が弱くなり、画質は上がりますが、そのぶんファイルサイズが大きくなります。

114

ScanSnap Cloud

スマートフォンやタブレットで ScanSnap Cloudを使えるようにする

「ScanSnap Cloud」アプリをダウンロードすることで、ScanSnap Cloudに保存されたデータを確認することができます。パソコンのない外出先などで使用すると便利です。なお、iX1400では「ScanSnap Cloud」アプリは利用できません。

ScanSnap Cloudをインストールする

① スマートフォンの「Play ストア」（iPhone / iPad の場合は「App Store」）の検索欄で「scansnap cloud」と入力し、

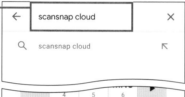

② キーボードの🔍をタップします。

③ ＜インストール＞（iPhone / iPad の場合は＜入手＞→＜インストール＞）をタップします。

④ インストールが終了したら、＜開く＞をタップします。

⑤ アクセスの確認画面（iPhone / iPad の場合は通知の許可画面）を確認し、＜許可＞をタップします。

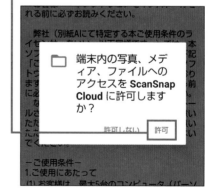

第1章
第2章
第3章
第4章
第5章
第6章
第7章 ScanSnap Cloud

⑥「ご使用条件」を確認し、

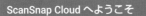

⑦＜同意する＞をタップします。

⑧「ScanSnap Cloud へようこそ」画面で、
＜既にアカウントを持っている＞をタップします。

⑨ Sec.058 で登録したメールアドレスとパスワードを入力し、

⑩＜ログイン＞をタップします。

⑪「新機能のお知らせ」を確認し、

⑫＜ OK ＞をタップします。

⑬「ScanSnap Cloud」のメイン画面が表示されます。

アカウント名（メールアドレス）

ozawaminori1111@gmail.com

パスワード

・・・・・・・・

□ パスワードを表示する

ログイン

設定とヘルプ

新装置対応のお知らせ

・最新スキャナーの ScanSnap
iX1600 に対応しました。

各機能の詳細はヘルプを参照してください。

OK

表示

📄 スキャンリスト

📄 スキャンエラーリスト

設定とヘルプ

⚙ 設定

？ ヘルプ

？ サービス状態

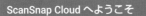

ご使用条件 ？

本製品： ScanSnapシリーズ
本ソフトウェアの名称： ScanSnap Cloud 1.3.6

－重要－
お客様へ：本ソフトウェアをインストールされる前に必ずお読みください。

弊社（別紙Aにて特定する本ご使用条件のライセンサーをいい、以下同様です。）では、本ソフトウェアをお客様に提供するにあたり下記「ご使用条件」にご同意いただくことを本ソフトウェアご使用の条件とさせていただいております。本ソフトウェアをインストールされる前に必ず下記「ご使用条件」をお読みください。
なお、お客様が本ソフトウェアをインストールされた場合、下記「ご使用条件」にご同意いただいたものといたします。

(1) お客様は、最大5台のコンピュータ（パーソナルコンピュータ、タブレット、またはスマートフォンをいい、以下同様です。）に、本ソフトウェアをインストールして使用することができます。なお、私的利用ま

同意しない　　同意する

ScanSnap Cloud へようこそ ？

ScanSnap Cloud は、 ScanSnap のために作られたクラウドサービス。

スキャンした原稿は、各種クラウドへ自動的に保存・登録されるので、手間なくクラウドで活用できます。

初めて利用する

既にアカウントを持っている

第1章

第2章

第3章

第4章

第5章

第6章

115

ScanSnap Cloud

ScanSnap Cloudのスキャンデータを
スマートフォンやタブレットで閲覧する

ScanSnap Cloudアプリではスキャンデータをスマートフォンやタブレットで閲覧することができます。また、同じ画面でスキャンデータのファイル名を変更したり、検索可能なPDFに変換したりすることも可能です。

スキャンデータを閲覧する

❶ ホーム画面で< ScanSnap Cloud >をタップします。

❷ ☰→<スキャンリスト>をタップします。

❸ スキャンリスト画面が表示されます。

❹ 閲覧したいスキャンデータを選択してタップすると、

❺ スキャンデータが表示されます。

スキャンデータのファイル名を変更する

❶ P.266 手順❺の画面で<変更>をタップします。

❷ 認識結果から３つのファイル名候補が表示されたら、１つを選択してタップし、

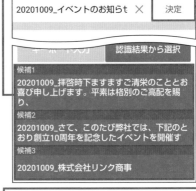

❸ <決定>をタップします。<キーボード入力>をタップすると、キーボードで好きなファイル名を入力することができます。

検索可能なPDFに変換する

❶ P.266 手順❺の画面で📄をタップして、

❷ < OK >をタップすると、検索可能なPDF として保存されます。なお、PDFのサイズによっては処理に数分かかることがあります。

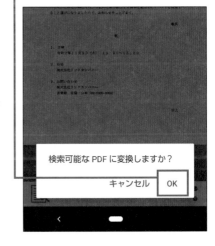

第1章

第2章

第3章

第4章

第5章

第6章

第7章

ScanSnap Cloud

振り分けに失敗したデータを振り分け直す

Sec.062で確認したように、スキャンしたデータは4つの原稿種別に分類されますが、まれに振り分けに失敗することがあります。その場合に振り分け直す作業も、スマートフォンやタブレットから行うことができます。

データを振り分け直す

① スキャンリスト画面で振り分け直したいデータをタップします。

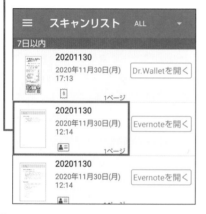

③ 変更先のサービス（ここでは＜ Box ＞）をタップします。

② ☁をタップします。

④ 振り分けが変更されます。

❺ 振り分けが変更されたデータを確認する
には、P.268 手順❶〜❹で振り分け直し
たデータ（ここでは「20201130」）の
転送先サービス（ここでは＜Box を開
く＞）をタップします。

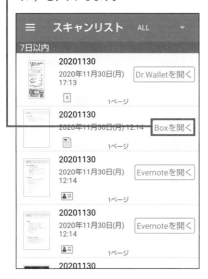

❼ 振り分け直したデータが表示されます。

❻ 振り分け直したデータをタップします。

COLUMN

振り分けられないときは

選択されているサービスが、4つの原稿種
別のいずれにも該当していない場合は、
P.268手順❷の☁アイコンが表示されま
せん。そのような場合は、あらかじめ
ScanSnap Cloudの保存先を変更する必
要があります。詳しくはSec.118を参考
に行ってください。

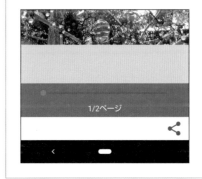

第1章

第2章

第3章

第4章

第5章

第6章

第7章 ScanSnap Cloud

117

ScanSnap Cloud

ScanSnap Cloudの
読み取り設定を変更する

ScanSnap Cloudのカラーモードや読み取り面、画質などといった読み取り設定も、スマートフォンやタブレットから変更できます。また、ファイル名の形式や原稿の向き補正といった設定も、変更することができます。

スキャンデータの読み取り設定を変更する

❶ メイン画面で ☰ →＜設定＞をタップします。

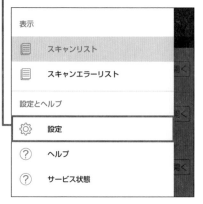

❷ ＜読み取り設定＞をタップします。

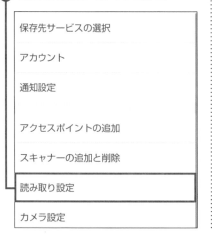

❸ 読み取り項目を変更したい原稿種別（ここでは＜文書＞）をタップします。

❹ 変更したい読み取り項目（ここでは＜カラーモード＞）をタップします。

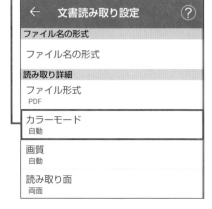

⑤ 変更したいカラーモード（ここでは＜白黒＞）をタップします。

⑥ 設定の変更が反映されます。

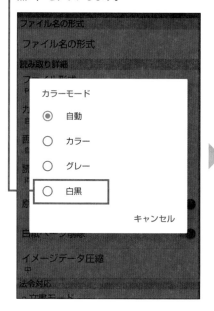

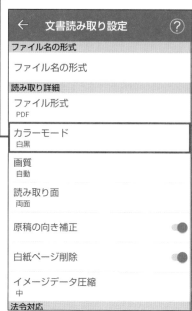

第1章

第2章

第3章

第4章

第5章

第6章

第7章

ScanSnap Cloud

COLUMN

そのほかの読み取り設定

読み取り設定では、カラーモードのほかにさまざまな設定を変更することができます。

＜ファイル名の形式＞をタップすると、イメージデータを保存するファイル名の形式を、スキャンの日付にしたり自分で名前を指定したりできます。

＜画質＞をタップすると、4段階の画質から好きなものを選んで設定することができます。

＜読み取り面＞をタップすると、片面のみを読み取るように設定を変更できます。

そのほか、原稿の向き補正や白紙ページの自動削除のオン／オフ、データをどれくらい圧縮するか、e-文書モード（Sec.089参照）への切り替えなども行うことが可能です。

← 文書読み取り設定 ⑦

ファイル名の形式

ファイル名の形式

読み取り詳細

ファイル形式
PDF

カラーモード
白黒

画質
自動

読み取り面
両面

原稿の向き補正

白紙ページ削除

イメージデータ圧縮
中

法令対応

e-文書モード
e-文書モードに切り替えた場合、設定内容が変更されます。

118

ScanSnap Cloudの 保存先を変更する

Sec.059で行ったクラウドサービスの保存先の変更は、スマートフォンやタブレットからも行うことができます。BoxやEvernoteといった一般的なクラウドサービス以外にも連携可能なアプリが一覧で表示されるので、好きなものを選びましょう。

スキャンデータの保存先を変更する

① メイン画面で☰→＜設定＞をタップします。

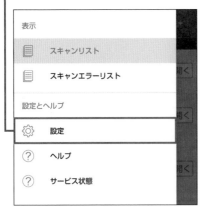

② ＜保存先サービスの選択＞をタップします。

③ 保存先サービスの選択画面で、保存先を変更したいサービス（ここでは＜文書＞）をタップします。

④ ＜選択解除＞をタップします。

第1章

第2章

第3章

第4章

第5章

第6章

第7章 ScanSnap Cloud

272

⑤ <タップしてサービスを選択>をタップ
します。

⑥ 文書の保存先画面で変更したいクラウド
サービス（ここでは「Evernote」の<選
択>）をタップします。

⑦ <確定する>をタップします。

⑧ 保存先のクラウドサービスが変更されま
す。

第1章

第2章

第3章

第4章

第5章

第6章

スマートフォンで撮影した写真を ScanSnap Cloudに保存する

ScanSnap Cloudアプリでは、カメラ設定をオンにすることで、スマートフォンやタブレットで撮影した写真を保存することができます。この機能を利用すれば、手元にScanSnapがない場合でも、書類や写真を共有することが可能です。

カメラ設定を行う

❶ メイン画面で■→＜設定＞をタップします。

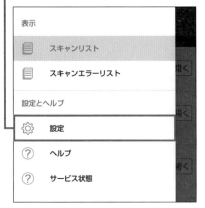

表示

📄 スキャンリスト

📄 スキャンエラーリスト

設定とヘルプ

⚙ 設定

❓ ヘルプ

❓ サービス状態

❷ ＜カメラ設定＞をタップします。

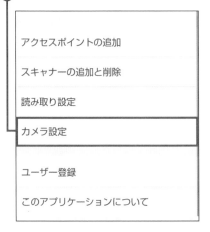

アクセスポイントの追加

スキャナーの追加と削除

読み取り設定

カメラ設定

ユーザー登録

このアプリケーションについて

❸ カメラ設定画面で＜カメラの使用＞をタップして●にします。

← カメラ設定 ❓

カメラの使用許可や撮影時の設定を変更できます。

カメラの使用 ⬤

Wi-Fi 接続時にのみアップロード ◯

COLUMN

iPhone／iPadの場合

iPhone／iPadの場合は、ここで紹介した手順のほかに、スキャンリスト画面で 📷 をタップしてカメラへのアクセス許可に関する画面を表示し、＜OK＞をタップする方法もあります。

"ScanSnap Cloud"がカメラへのアクセスを求めています

カメラを使って原稿をスキャンします。

許可しない | OK

第1章

第2章

第3章

第4章

第5章

第6章

第7章 📄ScanSnap Cloud

274

撮影した写真をScanSnap Cloudに保存する

❶ スキャンリスト画面で◎をタップします。

❷ ScanSnap Cloud に保存したい書類が画面に収まるようにカメラの距離を調整し、

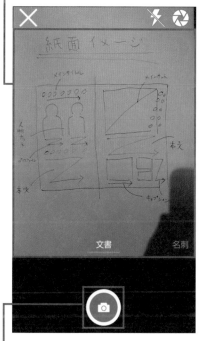

❸ 書類部分が認識されると、自動的に撮影されます。認識されない場合は◎をタップします。

❹ 撮影した写真のプレビューを確認し、

❺ <送信>をタップします。

❻ スキャンリストに保存されます。

COLUMN

書類の種類別に撮影する

手順❷の画面で画面を左右にスワイプすると、「名刺」「レシート」「写真」など、書類の種類に分けて撮影することができます。

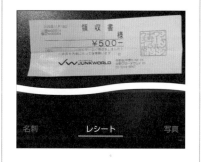

第1章

第2章

第3章

第4章

第5章

第6章

120

ScanSnap Cloud

ScanSnap Cloudからの 通知設定を変更する

デフォルトのScanSnap Cloudアプリは、データの保存が完了したときやエラーが発生したときなどに通知を送って知らせます。これらは設定でオフにできるほか、スキャン完了のたびに通知を受け取る設定に変更することも可能です。

「保存完了」「エラー発生」の通知をオフにする

❶ メイン画面で☰→＜設定＞をタップします。

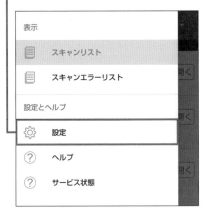

❷ ＜通知設定＞をタップします。

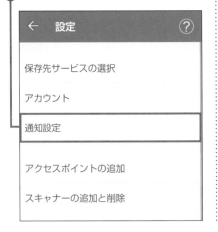

❸ 通知設定画面で＜保存完了＞と＜エラー発生＞をタップし、

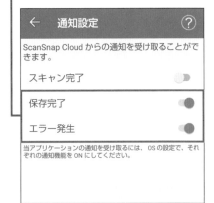

❹ ⬤にします。

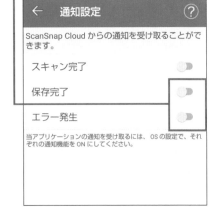

第 1 章

第 2 章

第 3 章

第 4 章

第 5 章

第 6 章

第 **7** 章 ScanSnap Cloud

「スキャン完了」の通知をオンにする

❶ P.276 手順❶〜❸を参考に通知設定画面を表示して、＜スキャン完了＞タップし、

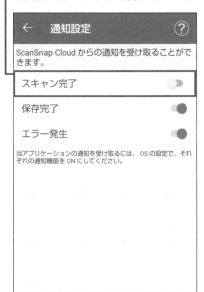

❷ ●にします。

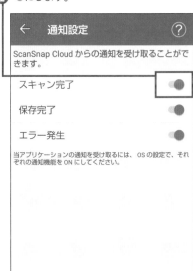

❸ ScanSnap でスキャンが完了すると、通知が表示されるようになります。

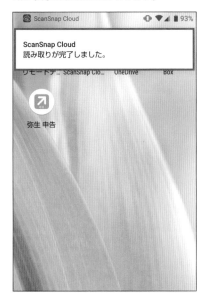

> COLUMN

各通知について

プッシュ通知を受け取らない、あるいは表示しない設定になっている場合は、通知が表示されない場合があります。その場合はスマートフォン本体の通知設定を確認して、アプリからの通知が表示されるようにしてください。

第1章

第2章

第3章

第4章

第5章

第6章

ScanSnap Cloud

第7章

121

モバイル活用

Acrobat Readerで
PDFを読む

スマートフォンまたはiPhone / iPadに「Acrobat Reader」アプリをインストールすれば、端末やクラウドサービスに保存しているPDFを手軽に閲覧したり編集したりできます。なお、利用にはAdobeアカウントが必要なので、事前に登録しておきましょう。

AcrobatReaderでPDFを読む

❶ スマートフォンの「Play ストア」(iPhone / iPad では「App Store」) から「Acrobat Reader」をインストールし、アプリを開いたら、任意の方法で Adobe アカウントにログインします。

❷ ログインが完了したら、＜続行＞をタップします。

❸ 「Acrobat Reader」のメイン画面が表示されます。

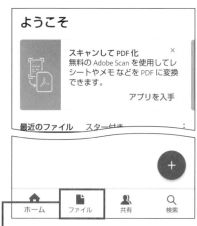

❹ 画面下部の「ファイル」タブをタップし、

❺ 閲覧したい PDF が登録されている保存先（ここでは＜ Google ドライブ＞）をタップします。

⑥ <アカウントを追加>をタップします。

Google ドライブファイルにアク
セスできるようになりました
個人用またはビジネス用のアカ
ウントに接続します。

アカウントを追加

⑦ Google アカウントにログインし、<同意
する>をタップします。

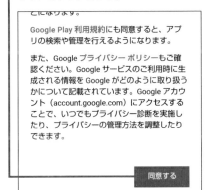

こになります。

Google Play 利用規約にも同意すると、アプ
リの検索や管理を行えるようになります。

また、Google プライバシー ポリシーもご確
認ください。Google サービスのご利用時に生
成される情報を Google がどのように取り扱う
かについて記載されています。Google アカウ
ント (account.google.com) にアクセスする
ことで、いつでもプライバシー診断を実施し
たり、プライバシーの管理方法を調整したり
できます。

同意する

⑧ Google アカウントへのアクセスのリク
エストが表示されたら、<許可>→
<OK>の順にタップ（iPhone ／ iPad
では<許可>を3回タップ）します。

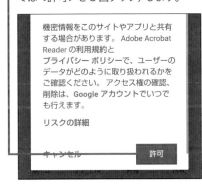

機密情報をこのサイトやアプリと共有
する場合があります。 Adobe Acrobat
Reader の利用規約と
プライバシー ポリシーで、ユーザーの
データがどのように取り扱われるかを
ご確認ください。アクセス権の確認、
削除は、Google アカウントでいつで
も行えます。

リスクの詳細

キャンセル　　　　　　　許可

⑨ 任意のフォルダーをタップし、

Google ドライブ

📁 **自分と共有**
　フォルダー

📁 **会議資料**
　フォルダー

📁 ScanSnap
　フォルダー

⑩ 閲覧したい PDF をタップします。

Google ドライブ

↰ /ScanSnap/文書

📄 **20201112_プロジェクト計画シート**　⋮
PDF · 2020/11/12 · 118.0 KB

📄 **20201009_イベントのお知らせ**　⋮
PDF · 2020/11/12 · 19.6 KB

⑪ PDF が表示されます。ピンチアウトで拡
大したり、✏をタップして注釈を入れた
りすることができます。

第1章

第2章

第3章

第4章

第5章

第6章

第7章 モバイル活用

SECTION 122

モバイル活用

スキャンデータを
本のように読む

iPad専用のアプリ「i文庫HD」を利用すると、スキャンデータをスワイプすることで本のように読むことができます。ここではi文庫HDの概要とScanSnapの連携方法について解説します。

i文庫HDとは

i文庫HDは、iPadで読書などを楽しめる有料のアプリです。紙の本をめくっているような操作感が特徴で、読書だけでなく、会議資料や取扱説明書などを読むのにも適しています。また、文字情報が埋め込まれたPDFであれば文字を選択することができ、辞書やしおり、メモに役立てることができます。サムネイルも表示されるので、読みたいページがすぐに見つけられます。そのため、ページ数の多いスキャンデータはi文庫HDにコピーすることで、よりスムーズに閲覧することが可能です。i文庫HDへのスキャンデータのコピーは、DropboxやBoxなど、データが保存されているアプリからかんたんな操作で行うことができます。なお、iPhone用の有料アプリ「i文庫S」もあります。

▲スキャンデータをi文庫HDに「本棚登録」することでいつでも閲覧できるようになります。ほかのアプリと異なり、ページをめくる感覚で左右にスワイプして閲覧できるため、より紙資料に近い感覚で操作することができます。

本棚登録する

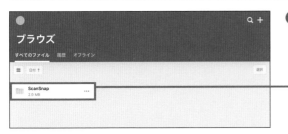

❶ あらかじめ i 文庫 HD をインストールし、i 文庫 HD で閲覧したいファイルが保存されているアプリ（ここでは< BOX >）を開き、< Scan Snap >をタップします。

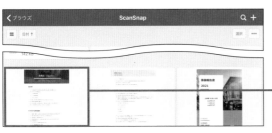

❷ i 文庫 HD で閲覧したいファイルをタップします。

❸ をタップして、

❹ < i 文庫 HD に コ ピ ー >をタップします。

❺ <本棚登録を行う>→<登録して読む>の順にタップします。

❻ 自動で i 文庫 HD が起動し、左右にスワイプすることで本のように読むことができます。

第 1 章

第 2 章

第 3 章

第 4 章

第 5 章

第 6 章

モバイル活用 第 7 章

SECTION

123

モバイル活用

iCloud Driveに
スキャンデータを保存する

iPhone ／ iPadを使用している場合、iCloud Driveにスキャンデータを保存できます。
これにより、同じApple IDでサインインしたiPhoneやiPad、MacやWindowsパソコン
からアクセスして、書類を最新の状態に保つことができます。

iCloud Driveに保存する

❶ ScanSnap Connect Appli
cation アプリを開き、ファイ
ル一覧画面でiCloud Drive
に保存したいスキャンデータ
の…をタップします。

❷ <"ファイル"に保存>を
タップします。

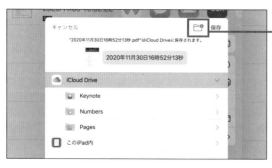

❸ ここでは新規ファイルに保存
するために、☐をタップしま
す。

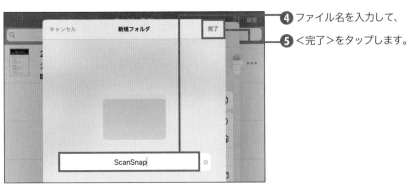

④ ファイル名を入力して、

⑤ <完了>をタップします。

⑥ <保存>をタップします。

⑦ iCloud Drive を確認するには、ホーム画面で<ファイル>をタップします。

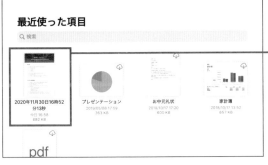

⑧ 最近使った項目として、手順❶～❼で保存したファイルを確認することができます。

第1章

第2章

第3章

第4章

第5章

第6章

モバイル活用 第7章

SECTION

124

モバイル活用

iPadでApple Pencilを
使って書き込む

iPadを使用している場合、Apple Pencilで自由に文字や図形を書き込むことができます。細かい書類の修正指示やちょっとした図の指定を行いたいときなどに使うと便利な機能です。なお、指で書き込むことも可能です。また、iPhoneでも同じ操作が行えます。

Apple Pencilで書き込む

❶ ScanSnap Connect Application アプリを開き、ファイル一覧画面から Apple Pancil で書き込みたいファイルの… をタップします。

❷ ＜マークアップ＞をタップします。

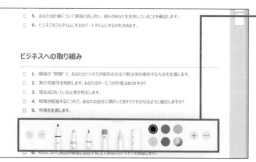

❸ ツールパレットが表示されます。

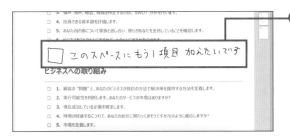

④ Apple Pencil を使って、文字や図形を書き込むことができます。

線の色や太さを変更する

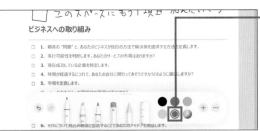

❶ 線の色を変更するには、P.284 手順❸の画面で、ツールパレットの右側から任意の色をタップします。

❷ タップした色で線や文字や図形を書き込むことができます。

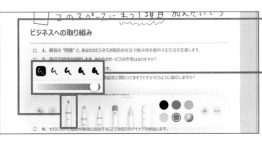

❸ 線の太さを変更するには、現在選択しているペンをもう一度タップすると、

❹ 5種類の線の太さが表示されます。その下の◯を左右にスワイプすると、より細かく線の太さを変更できます。

第1章

第2章

第3章

第4章

第5章

第6章

第7章 モバイル活用

COLUMN

間違えて書き込んだときは

↶ をタップすると、ひとつ前の画面に戻すことができます。

索引

お問い合わせについて

本書に関するご質問については、本書に記載されている内容に関するもののみとさせていただきます。本書の内容と関係のないご質問につきましては、一切お答えできませんので、あらかじめご了承ください。また、電話でのご質問は受け付けておりませんので、必ずFAXか書面にて下記までお送りください。
なお、ご質問の際には、必ず以下の項目を明記していただきますよう、お願いいたします。

① お名前
② 返信先の住所またはFAX番号
③ 書名（今すぐ使えるかんたんEx ScanSnap プロ技BEST セレクション）
④ 本書の該当ページ
⑤ ご使用の機種とパソコンのOS
⑥ ご質問内容

なお、お送りいただいたご質問には、できる限り迅速にお答えできるよう努力いたしておりますが、場合によってはお答えするまでに時間がかかることがあります。また、回答の期日をご指定なさっても、ご希望にお応えできるとは限りません。あらかじめご了承くださいますよう、お願いいたします。

問い合わせ先

〒 162-0846
東京都新宿区市谷左内町 21-13
株式会社技術評論社　書籍編集部
「今すぐ使えるかんたんEx ScanSnap プロ技BEST セレクション」質問係
FAX番号　03-3513-6167　URL：https://book.gihyo.jp/116

お問い合わせの例

FAX

①お名前
　技術　太郎
②返信先の住所またはFAX番号
　03- × × × × - × × × ×
③書名
　今すぐ使えるかんたんEx ScanSnap プロ技 BEST セレクション
④本書の該当ページ
　44 ページ
⑤ご使用の機種とパソコンのOS
　iX1600、Windows 10
⑥ご質問内容
　手順②が表示されない

※ご質問の際に記載いただきました個人情報は、回答後速やかに破棄させていただきます。

今すぐ使えるかんたんEx
ScanSnap プロ技BESTセレクション

2021 年 2 月 9 日　初版　第 1 刷発行
2024 年 3 月 14 日　初版　第 2 刷発行

著者	…………………	リンクアップ
発行者	…………………	片岡　巌
発行所	…………………	株式会社 技術評論社
		東京都新宿区市谷左内町 21-13
		電話　03-3513-6150　販売促進部
		03-3513-6160　書籍編集部
編集	…………………	リンクアップ
担当	…………………	田中　秀春
装丁デザイン	…………………	菊池　祐（ライラック）
本文デザイン	…………………	リンクアップ
DTP	…………………	リンクアップ
製本／印刷	…………………	日経印刷株式会社

定価はカバーに表示してあります。

ISBN978-4-297-11884-6 C3055

Printed in Japan